新型多相催化材料
制备、表征及应用

多孔有机聚合物负载催化剂在
C1化学转化中的应用

王玉清 著

四川大学出版社
SICHUAN UNIVERSITY PRESS

图书在版编目（CIP）数据

新型多相催化材料制备、表征及应用 / 王玉清著
. 一 成都：四川大学出版社，2024.5
ISBN 978-7-5690-6889-4

Ⅰ．①新… Ⅱ．①王… Ⅲ．①多相催化－催化剂－化
工材料－材料制备 Ⅳ．① TQ426

中国国家版本馆 CIP 数据核字（2024）第 095585 号

书　　名：新型多相催化材料制备、表征及应用
　　　　　Xinxing Duoxiang Cuihua Cailiao Zhibei、Biaozheng ji Yingyong
著　　者：王玉清

选题策划：吴连英　刘柳序
责任编辑：刘柳序
责任校对：周维彬
装帧设计：墨创文化
责任印制：王　炜

出版发行：四川大学出版社有限责任公司
　　　　　地址：成都市一环路南一段 24 号（610065）
　　　　　电话：（028）85408311（发行部）、85400276（总编室）
　　　　　电子邮箱：scupress@vip.163.com
　　　　　网址：https://press.scu.edu.cn
印前制作：四川胜翔数码印务设计有限公司
印刷装订：四川省平轩印务有限公司

成品尺寸：170mm×240mm
印　　张：10
字　　数：187 千字

版　　次：2024 年 5 月 第 1 版
印　　次：2024 年 5 月 第 1 次印刷
定　　价：58.00 元

扫码获取数字资源

四川大学出版社
微信公众号

本社图书如有印装质量问题，请联系发行部调换

前　言

在化工行业，催化转化 C1 化合物（CO、CO_2 等）生成高附加值化学品是一个非常重要的工艺流程，与能源、环境密切相关。氢甲酰化（Hydroformylation）反应作为均相催化工业上应用最成功的反应之一，以合成气（CO、H_2 的混合气体）和烯烃为原料，能在过渡金属羰基配合物存在的条件下，将原料转化成高附加值的正构醛和线性醛。另外，CO_2 通过环加成反应（CO_2 cycloaddition）制备环碳酸酯是实现 CO_2 固定的有效方法之一。上述两类反应若想实现高效转化，关键在于催化剂的设计。均相催化剂具有明确的活性位点，活性高、选择性好，但分离回收难，而多相催化剂易实现分离回收，但活性位点不明确，催化反应性能较差。因此，对于上述两类反应，开发兼具均相和多相催化剂优良性能的新型多相催化材料，并研究其结构和性能的对应关系，能为其实现工业化应用和理论研究提供数据支撑和理论指导。

多孔有机聚合物（porous organic polymers，POPs）因其具有高比表面积、多级孔结构、良好的热稳定性以及可以在分子水平定点引入官能团等特点，被广泛应用于气体吸附、分离、催化、能源储存等领域。受 POPs 优异性能的启发，本书详细介绍了不同种类 POPs 自负载型催化剂在烯烃氢甲酰化反应和 CO_2 环加成反应中的应用研究，包括催化剂的制备方法、表征方法、评价方法等概述，催化剂结构和性能对应关系的探讨，催化反应机理的阐述及未来在氢甲酰化和 CO_2 环加成反应方向的催化剂设计展望。

本书主要总结了笔者在氢甲酰化和 CO_2 环加成反应方面近 5 年的主要研究工作，重点介绍了丁烯氢甲酰化反应体系构建、新型 POPs 自负载型催化体系的创建及应用。第 1 章主要介绍氢甲酰化及 CO_2 环加成反应的背景、国内外研究现状及进展、均相及多相催化剂研究进展、多孔有机聚合物材料的合成及其在催化领域的应用；第 2 章介绍了实验材料制备方法、评价方法及表征方法；第 3~6 章主要介绍新型多孔有机聚合物多相催化剂的合成及其在氢甲酰化及

CO_2 环加成反应中的应用；第 7 章为本书结论，并对氢甲酰化及 CO_2 环加成反应未来的发展进行了展望。

由于笔者知识水平和能力有限，经验还存在一些不足，书中难免有遗漏、偏颇及不妥之处，恳请广大读者批评指正并提出宝贵意见，以便再版时修改和完善。

著　者
2024 年 4 月

目　录

第1章　引　言 ……………………………………………………………（1）

1.1　研究背景 …………………………………………………………（1）

1.2　氢甲酰化反应概述 ………………………………………………（3）

1.3　CO₂与环氧化合物加成制备环状碳酸酯的反应概述 …………（24）

1.4　多孔有机聚合物（POPs）材料的合成及其在催化领域应用简介

………………………………………………………………………（29）

1.5　本书的研究目的与结构 …………………………………………（37）

第2章　实验总述 …………………………………………………………（39）

2.1　主要原料及试剂 …………………………………………………（39）

2.2　催化剂的制备 ……………………………………………………（40）

2.3　催化剂反应评价及分析方法的建立 ……………………………（44）

2.4　催化剂的表征 ……………………………………………………（45）

第3章　Rh/CPOL-BP&P 催化剂在 C4 烯烃氢甲酰化反应中的应用 …（50）

3.1　Rh/CPOL-BP&P 等催化剂的制备 ……………………………（51）

3.2　Rh/CPOL-BP&P 等催化剂的 C4 烯烃氢甲酰化反应性能 ……（53）

3.3　Rh/CPOL-BP&P 等催化剂的表征 ……………………………（59）

3.4　本章小结 …………………………………………………………（70）

第4章　Rh/CPOL-BP&P(OPh)₃ 催化剂的合成及其在 C4 烯烃氢甲

酰化反应中的应用 ………………………………………………（72）

4.1　Rh/CPOL-BP&P(OPh)₃ 催化剂的制备 ………………………（73）

4.2　Rh/CPOL-BP&P(OPh)₃ 催化剂的 1-丁烯氢甲酰化反应性能

………………………………………………………………………（75）

4.3　Rh/CPOL-BP&P(OPh)₃ 催化剂的表征 ………………………（78）

4.4　本章小结 …………………………………………………………（94）

第 5 章 P(OPh)₃ 配体含量对催化剂反应性能的影响 ····················（96）

  5.1 不同 P(OPh)₃ 配体含量催化剂的制备·····················（96）

  5.2 不同 P(OPh)₃ 配体含量催化剂的 1-丁烯氢甲酰化反应性能······（99）

  5.3 不同 P(OPh)₃ 配体含量催化剂的表征·····················（102）

  5.4 本章小结 ···（107）

第 6 章 多功能镁卟啉/季鏻盐共聚物多相催化剂的制备及其在 CO₂ 与
      环氧化合物加成反应中的应用·····························（108）

  6.1 Mg-por/pho@POP 等催化剂的制备·······················（109）

  6.2 Mg-por/pho@POP 等催化剂上 CO₂ 与环氧化合物的反应性能
      ···（111）

  6.3 Mg-por/pho@POP 等催化剂上 CO₂ 与环氧化合物的反应结果
      ···（111）

  6.4 Mg-por/pho@POP 等催化剂的表征·······················（115）

  6.5 Mg-por/pho@POP 等催化剂的反应机理·················（119）

  6.6 本章小结 ···（121）

第 7 章 结 论···（122）

参考文献··（125）

第1章 引 言

1.1 研究背景

催化在现代化学工业中占据着极为重要的地位。催化剂是催化过程的核心，目前90％以上的化工产品是借助催化剂生产出来的[1]。催化剂是一种可以加速化学反应而自身不被消耗的物质。按催化反应系统物相的均一性进行划分，可将催化反应分为均相催化、多相催化和酶催化[2]。表1.1详细比较了均相催化剂与多相催化剂的优缺点。均相催化中催化剂与反应物同处一相，活性组分与反应物料接触充分，活性中心利用率高，不存在固体催化剂表面不均一性和内扩散等问题；均相催化包含定义明确的单活性中心，有助于理解活性中心与底物的相互作用、过渡态的结构以及深入探讨反应机理；均相催化剂普遍具有活性高、选择性高、副反应少和反应条件温和等优点，但是均相催化剂从反应体系中的分离较困难，大大限制了其实际应用。而多相催化剂虽然金属原子利用率低，活性组分分布不均匀，活性与选择性相对较低，但是具有易于分离和长期稳定性的特点使其成为目前大多数工业催化生产的主流。然而，多相催化剂的制备、表征及反应机理的深入探讨等一直是很有挑战性的课题。如何制备出同时具有均相催化和多相催化优点的高效催化剂一直是人们梦寐以求的目标。

氢甲酰化反应是烯烃与合成气（CO 和 H_2 的混合气体）在过渡金属羰基配合物催化下反应生成比原料烯烃多一个碳原子的醛的反应[3-5]。醛是一种非常重要的化学中间体，可进一步加工成为醇、酯、胺类等物质，可用于生产溶剂、洗涤剂、增塑剂和表面活性剂等。氢甲酰化反应是迄今为止均相催化工业应用最成功的典范，属于典型的原子经济反应。目前，在工业上应用的氢甲酰化反应催化剂大部分仍是均相催化剂，它们可以在较温和的条件下，提供良好的反应性能，但是催化剂从反应体系中的分离问题仍未得到很好的解决。尽管采用水油两相催化剂，可以部分解决催化剂的分离问题，但仍不能完全避免活性金属的流失，操作过程也过于烦琐。

表 1.1　均相催化剂和多相催化剂的比较

比较项目	均相催化剂	多相催化剂
活性中心	全部金属原子 均一 有确定的结构	仅表面原子 不均一 结构不确定
化学计量关系	明确	不定
使用模式	溶于反应介质	固定床或浆态床
催化剂浓度	低	高
调变的可能性	较大	较小
反应条件	温和	较苛刻
扩散问题	不存在	存在
传热问题	容易解决	不易解决
反应性能	高活性、高选择性	活性和选择性一般不如均相催化剂
稳定性	通常<100℃	高温稳定
催化剂制备	易于重复	存在制备的技艺问题
催化剂与产物分离	存在问题	容易
应用范围	局限（连续化困难）	宽
抗毒性	较差	较好

CO_2 与环氧化合物的环加成反应是固定 CO_2 最有前途的方法之一[6]，该反应的产物环碳酸酯是重要的化工原料，可被广泛用作极性非质子溶剂、Li离子电池电解质、聚合材料前驱体、燃料添加剂、绿色反应试剂及精细化工中间体。该反应也是 100％原子经济反应。目前应用均相催化剂的生产工艺已经实现工业化，但是发明一种高效的多相催化剂仍是人们追求的目标，也是这个领域近年来的研究重点。

多孔有机聚合物（porous organic polymers，POPs）由于具有丰富的孔道结构、良好的热稳定性以及可以在分子水平上定点引入活性中心等优点，引起研究人员的广泛关注。该类材料被广泛应用于气体的吸附、分离及储存，传感器件的制备和催化等领域[7-9]。本书的研究重点是利用POPs材料的优点，将膦配体、卟啉和季膦盐等单体的乙烯基官能团化，采用溶剂热聚合法将功能化官能团定点引入聚合物骨架中，制备含 P、N 等元素的多孔有机聚合物自负载型多相催化剂，并探究其在烯烃氢甲酰化及 CO_2 与环氧化合物制备环碳酸酯反应中的催化性能及构效关系。

1.2 氢甲酰化反应概述

1938 年，德国科学家 Otto Roelen 在实验室试图通过把费托合成（Fischer-Tropsch 合成，简称 F-T 合成）的初级产物烃循环打入固定床反应器以增加产物烃的链长时，意外发现烯烃、一氧化碳和氢气在氧化硅负载的钴和钍催化剂上反应生成了含氧化合物醛和酮[10]，该反应当时被称为含氧化合物过程（OXO process）。1949 年，Adkins 将这个生成醛的反应又更名为氢甲酰化反应（Hydroformylation）[11]。

氢甲酰化反应，工业上常称为羰基合成（OXO synthesis），是指在过渡金属羰基配合物催化剂存在的条件下，烯烃与合成气反应生成比原料烯烃多一个碳原子的醛的过程。该反应除了生成醛，还可能会伴随有加氢及异构化等副反应的产生，这就涉及产物的化学选择性问题（图 1.1）。一般烷烃的生成是需要避免的，但烯烃异构化反应可以被很好地利用，特别是在内烯烃异构化—氢甲酰化串联反应中生成目标产物直链醛。值得注意的是，该反应是放热反应，不同种类烯烃发生氢甲酰化反应的焓变为 $-147 \sim -117$ kJ/mol[12]。

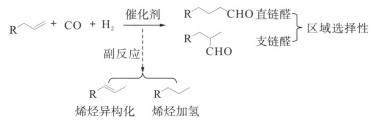

图 1.1 氢甲酰化反应的化学选择性

1.2.1 氢甲酰化反应的用途和研究意义

如图 1.1 所示，烯烃（乙烯除外）氢甲酰化反应的产物，包括直链（正构）醛和支链（异构）醛，其中直链醛后续制备出的溶剂、洗涤剂、增塑剂及表面活性剂等产品性质更加优良，因而备受人们的青睐。因此除了活性和化学选择性外，产物醛的区域选择性（正异比）也是氢甲酰化反应的一个重要评价指标。

氢甲酰化反应的发展得益于石油工业中裂解工艺及 F-T 合成获得的大量烯烃，这为氢甲酰化反应提供了廉价的合成原料，奠定了其工业化的物质基础。同时，反应产物醛又可被广泛用于精细化工领域，该领域与人们的生产生活息息相关。正因如此，人们对这些精细化工产品的需求日益增长，大大增加了醛的市场需求，从而促进了氢甲酰化工业的发展。更重要的是，催化理论的发展及催化剂开发技术的进步，尤其是 P−Rh 系及 P−Co 系配合物催化剂的合成与工艺的开发，为氢甲酰化反应工业的迅速发展提供了坚实的技术支撑。

氢甲酰化反应还是研究过渡金属羰基化合物催化活性和化学选择性的一类典型反应，具有重要的理论研究价值。特别是 C4 烯烃和高级 α-烯烃的氢甲酰化反应非常具有代表性，因为该反应可能伴随有异构化和加氢等副反应的发生，而这些副反应的程度，产品醛的正异比及反应活性的差别很大程度上依赖于催化剂的选择。

1.2.2　C4 烯烃氢甲酰化反应的用途及意义

丁烯氢甲酰化反应合成戊醛，是 C4 资源综合利用的一条有效途径。正戊醛是重要的香料中间体，它加氢生成的正戊醇和氧化生成的正戊酸是产值很高的精细化学品和药物中间体，但是现在这些产品主要依赖进口。正戊醛经过羟醛缩合及加氢等步骤得到的新型环境友好型增塑剂邻苯二甲酸二（2-丙基庚）酯［di（2-propyl-heptyl）phthalate，DPHP］，可以取代由正丁醛出发生产的具有潜在毒性的增塑剂邻苯二甲酸二（2-乙基己）酯［di-（2-ethylhexyl）phthalate，DEHP］（图 1.2）[13−14]。正戊酸生成的酯可作为取代氟利昂的新型制冷剂。

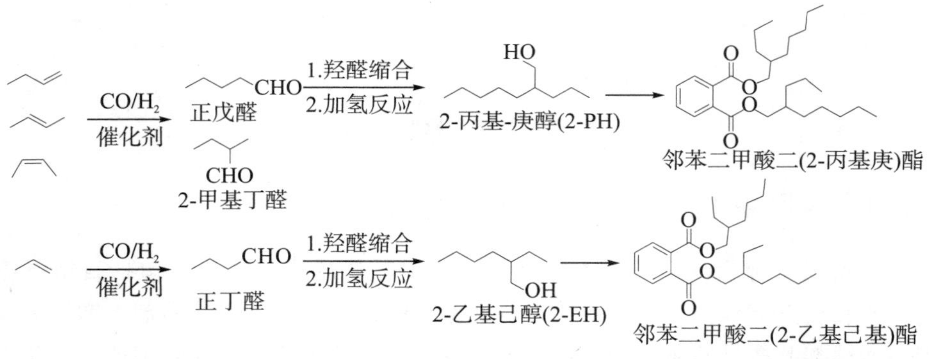

图 1.2　由丁烯及丙烯出发经氢甲酰化、羟醛缩合及加氢等步骤制备相应增塑剂路线

目前氢甲酰化反应的趋势：一是选用便宜的混合烯烃代替较昂贵的端烯烃作原料，二是开发可供选择的氢甲酰化过程来生产新的环境友好型增塑剂，因此使用价格低廉的内烯烃通过氢甲酰化反应生产线性醛是工业上急需解决的一项任务[15]。但是，内烯烃氢甲酰化反应面临的主要问题是催化剂活性较低且选择性较差（主要生成支链产物）。所以，开发内烯烃特别是 C4 烯烃氢甲酰化反应的新型催化剂和相关工艺，对于增强 C4 烯烃的市场竞争力以及满足国内市场对高碳醇增塑剂的需求，具有重要的理论和现实意义。

1.2.3 氢甲酰化反应的催化剂

对于氢甲酰化反应来说，$[HM(CO)_xL_y]$ 类型的过渡金属配合物是最适合的催化剂，其中 M 代表过渡金属，L 代表修饰的有机配体。当 $x=4$，$y=0$ 时，$[HM(CO)_xL_y]$ 代表经典的金属羰基氢化物；当 $x=3\sim1$，$y=1\sim3$ 时，$[HM(CO)_xL_y]$ 代表配体修饰的金属羰基氢化物，这类催化剂应用最广泛。下面分别从中心金属和配体的角度，来重点介绍配体修饰的金属羰基氢化物催化剂的性质。

在氢甲酰化反应中，研究最早且活性最好的过渡金属当属 Co 和 Rh。大多数的铂族元素（如 Pt、Pd、Os、Ir、Ru 等）在氢甲酰化反应中也表现出一定的活性[16]。这些金属的外层电子结构普遍具有未饱和 d 电子轨道的特点，此轨道既可以接受配体的孤对电子，也可以通过形成 d→d 或 d→π 反馈键反馈电子给配体。历史上，过渡金属 Co 是第一个被应用于氢甲酰化反应中的，其他过渡金属相对 Co 的氢甲酰化反应活性顺序见表 1.2[17]。从表 1.2 可以看出，Rh 是目前为止在氢甲酰化反应中最有活性的金属，一般使用浓度为 $10\sim100$ mg/kg，反应条件比较温和（$T<140$℃，$P=200\sim8000$ kPa），唯一的缺点是 Rh 是贵金属，价格昂贵。其次是钴基催化剂，它的使用浓度一般为 $1\sim10$ g/kg，需要比较苛刻的反应条件（$T\geqslant190$℃，$P=2\times10^4\sim3.5\times10^4$ kPa）[16]。除了特定用途外，其他金属的氢甲酰化活性均比较低，仅具有科学研究价值。

表 1.2　部分过渡金属相对 Co 的氢甲酰化反应活性

金属	Rh	Co	Ir, Ru	Os, Tc	Pt, Mn	Pd, Fe	Re
相对活性	10^3	1	10^{-2}	10^{-3}	10^{-4}	10^{-6}	~0

除中心金属之外，配体的选择也是至关重要的。在均相氢甲酰化反应中，有机配体的研究经历了如图 1.3 所示的过程[14]。其中具有里程碑意义的研究是 1965 年 Wilkinson 等[18-19]首次将 PPh$_3$ 配体修饰的 Rh、Ru 络合物催化剂应用于氢甲酰化反应。之后，催化性能比较好的亚膦酸酯（phosphite）类型［如 P(OPh)$_3$ 和 P(O-o-tBuPh)$_3$］配体被相继开发出来。1996 年，van Leeuwen 等[20]开发出了首例亚磷酰胺（phosphoramidites）型配体，紧接着 Herrmann 等[21]又

探究了卡宾配体在氢甲酰化反应中的应用。当中心金属为 Rh 时，配体的不同也会显著影响最终形成的络合物催化剂的活性，活性排序为 $P(OPh)_3 \geqslant PPh_3 \geqslant Ph_3N > Ph_3As$，$Ph_3Sb > Ph_3Bi$[22]。目前，在学术及应用领域研究最多的当属三价 P 配体。根据含有的 P—C，P—O，P—N 键的数目，P 配体可分为烷膦配体（Phosphine）、亚膦酸酯（Phosphite）、胺膦配体（Aminophosphine）及亚磷酰胺（Phosphoroamidite）等。

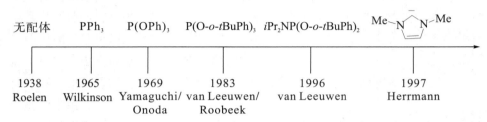

图 1.3　均相氢甲酰化反应中所用的有机配体发展过程

　　配体的影响主要体现在电子效应、空间效应以及其与中心金属配位的数目三个方面。为了更好地解释配体的影响，我们需要先来了解一下配体修饰的 Rh 基催化剂上氢甲酰化反应的催化机理[23]（如图 1.4 所示，以 CO 解离机理为例说明）。首先是具有五配位三角双锥构型的 Rh 活性中间体解离一个 CO（被认为是限速步骤之一），形成 16 电子的平面型 Rh 中间体；其次是原料烯烃氧化加成产生活化，形成 π 型络合物中间体；最后是烯烃插入 Rh—H 键中形成两种不同构型的活性中间体。这一步非常关键，它决定了氢甲酰化反应产物是直链醛还是支链醛；接着发生 CO 氧化加成和插入，形成初步的羰基化合物物种；然后通过加氢反应和醛的还原消除，醛解离下来，催化剂得到再生。

　　在解离催化循环中，配体对催化性能的影响非常显著。配体的电子效应是第一个影响因素，这主要取决于 P 配体给受电子的相对能力（图 1.5）[3]。也就是说，如果 P 配体的 P 原子越是缺电子，即 π-受体能力较强，σ-供体能力较弱，那么形成的 Rh—P 络合物，会导致中心 Rh 原子更容易缺电子，这样 Rh 原子反馈于 CO 的电子变少，削弱了 Rh-CO 键，十分有利于 CO 的解离，最终加快了反应速率。

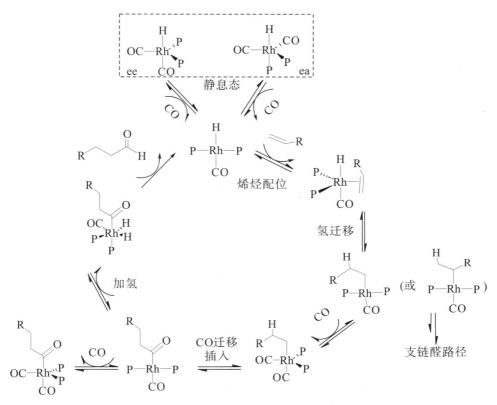

图 1.4　Rh 基催化剂的氢甲酰化反应催化机理

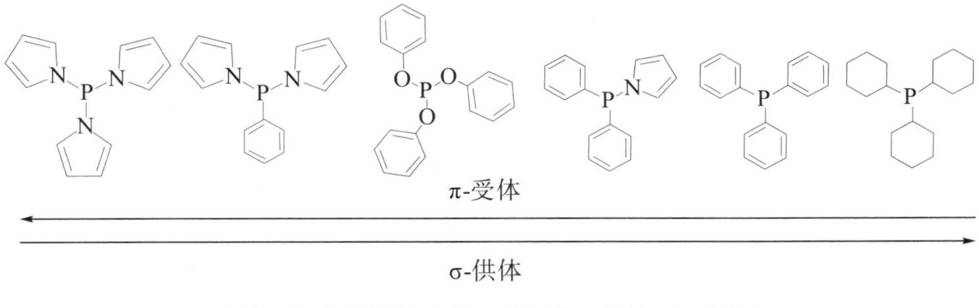

图 1.5　不同 P 配体的 π-受体及 σ-供体能力比较

　　配体的空间效应是第二个影响因素。正如前面所提到的，烯烃插入这一步是决定生成直链醛还是支链醛的关键步骤。如果配体具有较强的空间效应，就会使得 Rh 周围空间比较拥挤，那么烯烃插入时形成的中间体构型有利于产生正构醛。定量描述 P 配体空间效应的参数有托尔曼角[24−25]（Tolman angle）或自然咬合角（natural bite angle）[26−28]（图 1.6）。咬合角越大代表空间位阻越大，造成 Rh 配体周围更拥挤。如图 1.4 所示，五配位的三角双锥活性中间体存在两种构型，即 ee 构型和 ea 构型。对于 ee 构型，其自然咬合角大约为 120°，而 ea 构型的自然咬合角为 90°。显然 ee 构型的 Rh 周围具有更强的立体效应，烯烃更容易以形成正构醛中间活性物种的构型插入。目前，研究人员为了获得较高正异比的产物醛，已相继开发出了一系列大立体位阻的双齿及多齿配体[3]。比较有代表性的就是双齿配体 Biphephos[29—31]、Xantphos[32]、Bisbi[33]等（图 1.7）。因它们较大的自然咬合角，与 Rh 形成的络合物催化剂在氢甲酰化反应中常可以获得较高的产物醛正异比。

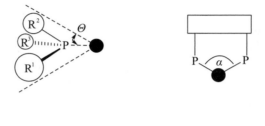

(a)托尔曼角 Θ (b)自然咬合角 α

图 1.6　定量描述 P 配体立体效应参数

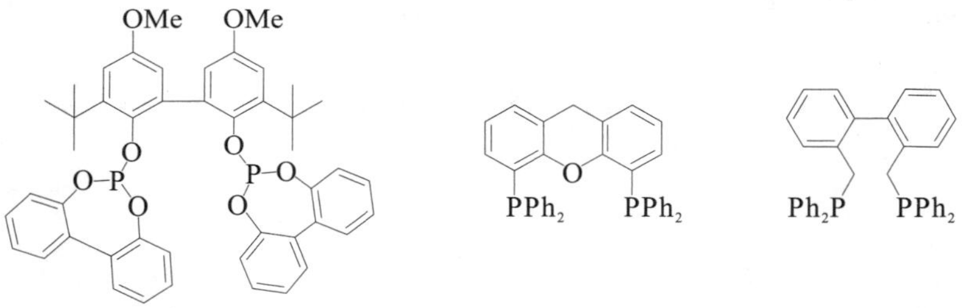

Biphephos
(a)

Xantphos
(b)

Bisbi
(c)

图 1.7　几种常见的大立体位阻的双齿配体

配体的影响不仅取决于电子效应、空间效应，还与中心金属 Rh 配位的数目有关，这主要通过 P/Rh 比反映，而 P/Rh 比对反应速率的影响可以用"火山型曲线"描述（图 1.8）[34—35]。不同 P 种类及浓度形成的活性中间体不尽相同，主要存在如图 1.8 中的平衡。总体来说，P 配体与 CO 配体相比，σ-供体能力强，π-受体能力较差；在空间效应方面，P 配体由于其尺寸较大，所以在 Rh 络合物中产生的空间位阻较大，而 CO 强的键合力及较大的空间位阻都会阻碍烯烃的氧化加成。因此，氢甲酰化反应的整体速率随着配位 P 配体数目的增加而减少，而醛的选择性增加。此外，phosphite 配体会诱导 CO 快速被烯烃取代，加快反应速率，但是 Rh 络合物催化剂容易加速烯烃异构化副反应的速率。

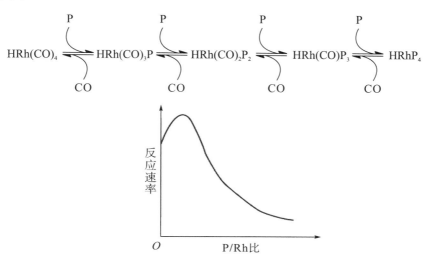

图 1.8　不同 P 种类及浓度形成的 Rh—H 化合物平衡物种及火山型曲线

1.2.4　氢甲酰化反应均相催化剂研究进展

1.2.4.1　氢甲酰化反应均相催化过程

Bohnen 和 Cornils 等对已经工业化的氢甲酰化反应过程进行了如下分类[36]，主要包括五代催化剂的变革：

第一代催化剂：羰基钴催化剂；

第二代催化剂：叔膦配体改性的羰基钴催化剂；

第三代催化剂：羰基铑催化剂；

第四代催化剂：油溶性 Rh—P 络合物催化剂；

第五代催化剂：水溶性 Rh—P 络合物催化剂。

催化剂整体的发展趋势是活性中心金属由 Co 变为 Rh，从无配体修饰到有配体修饰，反应条件不断趋于温和，而催化性能逐步提升。表 1.3 为五代催化剂的详细比较[37]。

表 1.3　五代催化剂的生产工艺条件和催化性能比较

催化剂代数	1	2	3	4	5
金属	Co	Co	Rh	Rh	Rh
催化过程[a]	1	2	3	4	5
配体调变	否	是	否	是	是
活性物种	$HCo(CO)_4$	$HCo(CO)_3L$[b]	$HRh(CO)_4$	$HRh(CO)L_3$[c]	$HRh(CO)L_3$[d]
温度/℃	150～180	160～200	100～140	60～120	110～130
压力/MPa	20～30	5～15	20～30	1～5	4～6
烯烃原料	正辛烯	C7～C14	正辛烯	丙烯	丙烯
液时空速/h^{-1}	0.5～2	0.1～0.2	0.3～0.6	0.1～0.2	＞0.2
产品	醛	醇	醛	醛	醛
醛的选择性	低	低	高	高	高
活性	低	较低	高	较高	较高
正异比	4	7.3	～1	11.5	＞19
毒物敏感性	否	否	否	是	否

[a] 1：BASF Ruhrchemie；2：Shell；3：Ruhrchemie；4：Union Carbide（LPO）；5：Ruhrchemie－Rhone/Poulenc

[b] $L=PR_3$；[c] $L=P(C_6H_5)_3$；[d] $L=P(C_6H_4\text{-}m\text{-}SO_3Na)_3$

第一代羰基钴催化剂，于 20 世纪 50 年代由 BASF Ruhrchemie 公司首次开发成功。研究认为，该催化剂的催化活性物种是 $HCo(CO)_4$，但该物种不稳定，容易分解，所以需要在高压下操作。从表 1.3 可以看出，第一代催化剂不仅反应条件苛刻，催化剂的活性和选择性低，产品醛的正异构比例也较低，主要通过沉淀法回收钴基催化剂。

为了降低羰基钴催化剂的反应压力，20 世纪 50 年代，Shell 公司开发出第二代叔膦配体改性的羰基钴催化剂，其稳定性变好，反应压力大幅降低，催化剂的正构醛选择性也得以提升。但缺点是由于膦配体的修饰，反应活性降低，且醇和烷烃副产物增加。该催化剂需要通过蒸馏技术实现催化剂和产物的分离。

前两代催化剂使用的是 Co 作为活性中心金属，需在高压条件下使用，被称为高压钴法。由于催化剂活性低，生成的副产物较多，原料烯烃的利用率较低，且需要复杂的分离回收过程，因此研究人员致力于寻求可以代替 Co 的活性金属，其中研究最多的当属活性较高的 Rh 基催化剂。

第三代羰基铑催化剂，催化活性物种是 $HRh(CO)_4$。与羰基钴催化剂相比，反应温度降低，活性提升近 1000 倍，同时产品醛的选择性较好。但是因为 Rh 的原子半径大于 Co，所以 Rh 周围空间不如 Co 拥挤，故羰基 Rh 催化剂相比羰基 Co 催化剂产物醛的区域选择性更低一些。而且羰基铑对烯烃异构化能力比羰基钴强，加氢活性低，醛醛缩合反应很少发生。

第四代为油溶性 Rh—P 络合物催化剂。20 世纪 60 年代初期，Slaugh 和 Mulineaux 在 Emeryville 实验室发现叔膦配体修饰的 Rh 配合物催化剂在烯烃氢甲酰化反应中表现出优异的反应性能。随后，Wilkinson[23, 38] 于 60 年代末期开发了三苯基膦羰基氢化铑［$HRh(CO)(PPh_3)_3$］催化剂，该催化剂具有更高的活性、选择性和更温和的反应条件。在 PPh_3 过量的情况下，能得到更高的产物醛正异，催化剂也更加稳定性。为了实现工业化生产，研究人员从反应活性、选择性及生产成本等方面对不同的膦配体进行筛选，结果发现三苯基膦最优[39]。1976 年，UCC 公司投资建立了以 $HRh(CO)(PPh_3)_3$ 为催化剂的氢甲酰化反应工厂，该过程被称为低压羰基合成（low—pressure oxo process，LPOs）过程，它优先选用短链未功能化烯烃（C2～C4）作为反应原料。在接下来的几十年，为了进一步提升催化剂的反应性能和拓展反应原料，设计并合成各种各样新型的有机膦配体，一直是方兴未艾的研究热点[40−46]。如采用双齿亚膦酸酯（diphosphite）配体（如 Biphephos）代替单膦配体来实现产品醛的高化学选择性和区域选择性。采用 LPOs 工艺生产正戊醛，当原料为 1-丁烯时，线性选择性达 98%；当原料为 2-丁烯时，正戊醛的线性选择性达 90% 以上，但是催化剂的活性比较低（Biphosphite 配体具有很高的异构化活性，但是对于内烯烃的氢甲酰化反应催化速率特别慢）。以 Raffinate Ⅱ 为原料，产物醛可以达到将近 95% 的区域选择性[17]。此外，由于 Rh 的价格比 Co 的价格高出 3500 倍，因此催化剂的损失必须降到最低程度，这也推动了 Rh 回收技术的发展。

上述第四代催化剂的催化过程，由于 Rh—P 络合物催化剂是油溶性的，产品与催化剂同处一相，产物与催化剂的分离常采用精馏方法，易造成催化剂热解失活。为了解决催化剂热解失活及分离回收过程中 Rh 损失等问题，1984 年，Rhone—Poulenc 公司和 Ruhrchemie 公司合作，成功开发了第五代水溶性铑膦络合物催化剂，该催化剂由水溶性的膦配体三苯基膦三间磺酸钠（TPPTS）和铑的配合物［$HRh(CO)_3(TPPTS)_3$］组成，用于丙烯的两相氢甲酰化反应的工业化工艺，这一工艺被称为 RCH-RP 工艺。它的生产规模已经从最初的 10 万吨/年发展到现在的 50 万吨/年。与均相催化相比较，两相催化有以下优点：

（1）用水做溶剂既安全又便宜；

（2）催化剂与产物的分离可以通过简单的倾析方法实现，这不仅降低了 Rh 损失，而且降低了能耗；

（3）由于选择性提高，原料烯烃和合成气的消耗显著减少。

RCH/RP 工艺中的水和有机两相分离完美地取代了 LPOs 工艺中催化剂与产物的热分离。按理说，两相催化工艺应该更加适合以长链烯烃为原料，但遗憾的是，RCH/RP 工艺要求原料烯烃具有一定的水溶性，而高碳烯烃随着碳数的增加水溶性急剧下降，导致反应速率降低。所以，对于长链烯烃的氢甲酰化反应，目前普遍采用的还是高压钴法。以 C4 烯烃为原料，仅有 1-丁烯的氢甲酰化反应可以获得合理的收率。当选用 C4 抽余液（Raffinate Ⅱ）为原料时，由于 Rh/TPPTS 催化体系异构化能力较差，只有 1-丁烯能部分转化，因此剩余未转化的 1-丁烯及顺反 2-丁烯原料，需通过氢甲酰化和加氢串联反应生产混合戊醇（正构及支链），大大降低了经济效益。

1.2.4.2　氢甲酰化反应均相催化机理

Wilkson 等[23, 47]对均相催化的氢甲酰化反应机理进行了详细的研究。他们认为，在氢甲酰化反应条件下，Rh 膦络合物催化剂催化的氢甲酰化反应机理主要可分为两种缔合机理和解离机理两种。解离机理又可以细分为 PPh₃ 解离和 CO 解离。它们的差别在于烯烃进攻铑膦络合物的方式不同。缔合机理 ［图 1.9 （a）］认为烯烃直接进攻配位饱和的 $HRh(CO)_2(PPh_3)_2$ 络合物，而 PPh₃ 解离［图 1.9 （b）］和 CO 解离 ［图 1.9 （c）］则认为烯烃分别进攻 $HRh(CO)_2$ (PPh₃) 和 $HRh(CO)(PPh_3)_2$ 络合物。因为 $HRh(CO)_m(PPh_3)_{4-m}$ 物种之间存在平衡关系 （图 1.10），所以这三种机理可能在反应过程中并存。目前普遍被接受的是缔合机理[23]，当然，对机理的细节也有一些其他解释[48]。

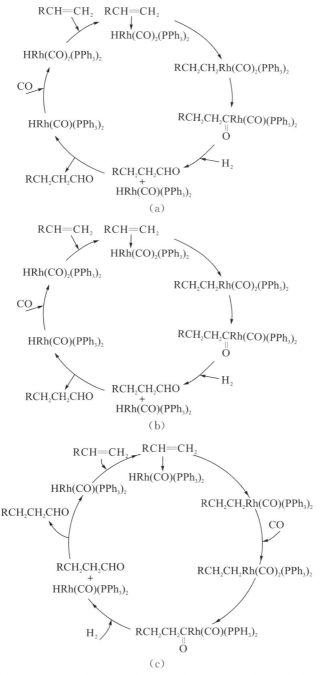

图 1.9　铑膦络合物催化剂的（a）缔合机理示意，（b）PPh₃ 解离
机理示意，（c）CO 解离机理示意

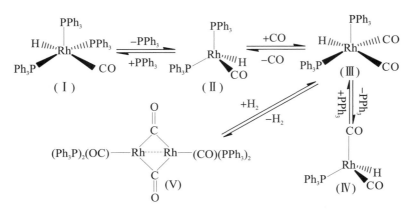

图 1.10　HRh(CO)$_m$(PPh$_3$)$_{4-m}$型配合物的物种平衡

1.2.5　氢甲酰化反应均相催化剂多相化研究进展

均相催化反应条件温和，催化效率高，但在实际使用过程中却受限于烦冗且复杂的催化剂分离回收问题；多相催化的催化剂易于分离，但反应活性和产物选择性相对较差。为了得到兼具两类催化剂优点的新型催化剂，研究人员对均相催化剂多相化进行了广泛的研究。总的来说，均相催化剂多相化技术可归结为均相催化剂固载化和两相催化两大类。

1.2.5.1　均相催化剂固载化

均相催化剂固载化主要可分为聚合物载体固载化、无机载体固载化、负载液相催化剂和负载水相催化剂。

1）聚合物载体固载化

聚合物载体固载化是利用过渡金属络合物与高分子聚合物中官能团的相互作用，将金属络合物锚定在聚合物上，以实现对催化剂的回收使用。聚合物载体固载化催化剂的制备方法主要可分为以下两种：一种是先将有机配体通过聚合反应生成含有配体官能团的载体，然后通过载体和金属络合物之间的相互作用将活性金属络合物固载，这种方法的研究最为广泛。另一种是先制备出含有金属络合物的有机单体，然后再将此单体聚合得到目标催化剂。下面重点介绍第一种方法。

Jana 和 Tunge 等[49]将乙烯基二亚磷酸酯与苯乙烯共聚得到溶解性可调的聚合物载体，作为多相配体与 Rh(acac)(CO)$_2$络合制得聚合物固载化催化剂。通过调节聚合物的分子量，控制聚合物在有机溶剂中的溶解度。一般利用聚合物在非极性溶剂中可溶的性质，可以将极性溶剂加入非极性的反应后溶液中，通过形成沉淀并过滤的方式来实现催化剂的分离回收。该催化剂在 1-辛烯氢甲酰化反应中（60℃，0.6 MPa，P/Rh＝3），1-辛烯的转化率高达 92%，但是醛的正异比仅有 3.35。

Rinaldo Poli 等[50]通过 Cu 催化的原子转移自由基聚合反应，合成了一系列聚苯乙烯负载三苯基膦配体的聚合物，并将其应用于 1-辛烯的氢甲酰化反应中。结果发现，在 P/Rh 比相同的情况下，使用聚合物固载化催化剂，产品醛正异比要优于使用均相 Rh(acac)(CO)$_2$/PPh$_3$ 催化体系的相应值，但活性较差。研究表明，聚合物链中的 PPh$_3$ 配体间距对催化反应性能的影响很关键（图 1.11）。当聚合物链中三苯基膦摩尔含量为 0.25 时，此时聚合物链短，刚性强，PPh$_3$ 配体距离很近，有利于形成 ee 构型，产品醛的正异比高；而当聚合物链中三苯基膦摩尔含量为 0.15 时，聚合物链长，PPh$_3$ 配体距离远，但因长链聚合物延展性好易于折叠，易形成 ea 构型，产品醛正异比相对较低一些。

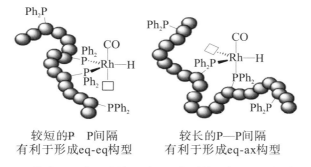

较短的P　P间隔　　　　　较长的P—P间隔
有利于形成eq-eq构型　　有利于形成eq-ax构型

图 1.11　聚合物链中形成的两种不同构型的三角双锥活性中间体
ee/ea-HRh(CO)(Polymer-PPh$_3$)$_2$　（□：配位点）

目前，聚合物固载化的均相催化剂已有很多研究报道和综述性评论[51-59]。需要指出的是，此类催化剂在循环使用过程中，通常会因活性金属的流失而导致反应活性下降，且此类聚合物载体的高温热稳定性比较差。另外，聚合物载体在有机溶剂中有一定的溶胀性能，这种溶胀性会影响活性位点的可及性，进而影响反应性能。

2）无机载体固载化

无机载体固载化主要有两种方法：一种是通过物理作用（如物理吸附、氢键、静电相互作用等）将过渡金属络合物催化剂负载到无机载体上；另一种是通过化学键合的方式将络合物催化剂中的配体部分固定到无机载体上。因为化学键合方式固载的金属络合物催化剂更加稳定，所以该类型催化剂的研究较为广泛[60]。常用的无机载体包括硅胶、氧化铝、氧化锌、黏土、分子筛、活性炭、碳纳米管、石墨烯等。研究表明，载体的比表面积、孔尺寸和分布以及表面的化学状态会影响催化剂的反应性能[61-70]。

　　无机载体固载化方法面临的主要问题同样是催化剂循环使用稳定性较差。由于配体与活性金属之间的配位键容易断裂、重组，使得活性金属容易流失，从而造成催化性能下降。但是，无机载体的化学稳定性、机械性及热稳定性一般要比有机聚合物载体好。

　　为了避免活性金属流失，提高催化剂的稳定性，中国科学院大连化学物理研究所的相关科研人员做了一系列原创性的工作[71-74]：经过不断的优化与改进，成功将 Rh 纳米颗粒和有机配体同时锚合在 SiO_2 载体上，制备出的催化剂（图1.12）在乙烯氢甲酰化的固定床反应中，连续运行 1000 h，活性未见明显下降。研究表明，该催化剂在反应条件下形成了 Rh 与 P 配位的均相活性物种，其优异的稳定性得益于 Rh 和配体同时锚定在载体上，避免了金属和配体的流失。

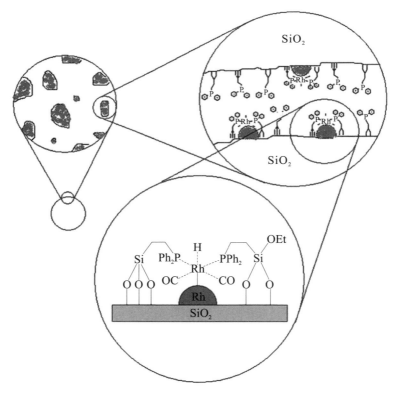

图 1.12　锚合配体修饰的 Rh/SiO_2 催化剂示意图

3）负载液相催化剂

20 世纪 80 年代初期，Scholten[75-79] 和 Hjortkjaer[80] 等广泛研究了负载液相催化剂（supported liquid phase catalyst，SLPC）在氢甲酰化反应中的应用。SLPC 催化剂的制备方法是先将 Rh 络合物催化剂溶于高沸点、低挥发性的液体薄膜中，然后再将该液体薄膜吸附在多孔固体材料上。作为负载液相的溶液主要有三丁酸盐、四甘醇、聚乙二醇、三苯基磷酸盐和三苯基膦（反应温度 $T > 373$ K 时为液体）。此种方法制备的 SLPC 催化剂主要适用于气相烯烃的氢甲酰化反应。对于原料为液相的高碳烯烃，SLPC 催化剂上的负载液相易被溶解，从而造成催化剂的失活。此外，在反应条件下，SLPC 催化剂中的负载液相流失还会造成金属颗粒凝结，进而导致催化剂失活。所以，可以将反应气体预先饱和吸附于负载液体，然后再进入反应器反应，或者采用流化床反应器避免负载液体的流失，但是该问题依旧不能彻底解决[81]。由于 SLPC 催化剂固有的缺陷，截至目前，仅有一座采用 SLPC 催化剂的丙烯氢甲酰化工厂宣布落成[82]。

近年来，随着离子液体的广泛应用[83]，出现了负载离子液相催化剂（supported ionic liquid phase，SILP）的概念[84-88]。SILP 催化剂的制备方法是将含有催化剂的离子液体薄膜通过物理吸附作用负载于比表面积大的多孔固体材料上。Haumann 和 Wasserscheid 等[89] 发现 Rh/diphosphite－SILP 催化体系在混合 C4 烯烃的固定床氢甲酰化反应中表现出较好的活性（转化率 20％）及较高的正构醛选择性（99％），但是催化剂的稳定性较差。有趣的是，笔者发现原料中微量的水使 diphosphite 配体发生分解产生的酸性物质，加速了醛醛缩合反应的发生，生成的高沸点副产物累积于离子液体薄膜中，造成了催化剂的失活。通过对原料进行除水净化及添加除酸剂，催化剂可以持续稳定运行800 h。SILP 催化体系的缺点[90] 是在催化反应过程中生成的高沸点副产物会累积于离子液薄膜中，阻碍反应物扩散到活性位点，进而影响反应速率。目前，Rh/SILP催化体系仅适用于气相烯烃氢甲酰化反应，在高碳烯烃氢甲酰化反应中常常伴随有 Rh 流失的现象发生。

4）负载水相催化剂

1989 年，Davis 和 Hanson 等[91] 首次提出了负载水相催化剂（supported aqueous phase catalysis，SAPC）的概念。这一概念的主要特征是将亲水性薄膜液体（如水、乙二醇等）负载在亲水性固体材料上，再将极性催化剂固载于该薄膜液体中。利用亲水性载体与有机溶剂的不互溶性，对负载的金属络合物催化剂进行回收。常用的亲水性载体为二氧化硅，极性催化剂为水溶性的金属络合物。另外，SAPC 催化剂（图 1.13）主要适用于与水互不相溶的高碳烯烃的氢甲酰化反应，这些反应常发生在水和有机溶剂的相界面，或者在载体孔内/表面[92-97]。

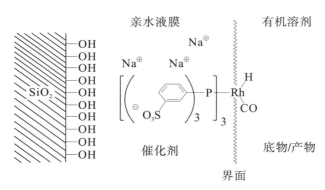

图 1.13　一种 SAPC 催化剂模型

亲水性载体中的含水量对 SAPC 催化剂的活性有很大影响，过高或过低的含水量会使催化剂活性下降（图 1.14）。研究表明，最佳含水量（质量分数）范围是 3%～7%。此外，像 TPPTS 这样的水溶性配体在反应条件下会有一定程度的退化，这种损失又不能通过简单地添加配体获得补偿，并且最重要的贵金属 Rh 的回收问题依然没有得到有效的解决，这些问题都制约了 SAPC 催化剂在工业化生产中的大规模应用。但是对于氢甲酰化反应在制药领域的应用，SAPC 催化剂作出了很大贡献[98-99]。

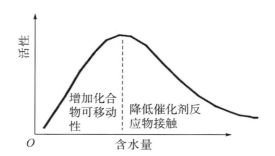

图 1.14　亲水性载体的含水量对催化活性的影响

1.2.5.2　两相催化

两相催化是到目前为止氢甲酰化均相催化多相化唯一成功应用于工业化的

技术[100]。该技术的主要特征是使用两种互不相溶的液相，一相含有催化剂溶液，另一相含有未反应的反应物及产物，通过简单倾析的方法实现较为容易的催化剂回收过程，同时又能充分利用均相催化剂的固有优势。典型的代表便是上文提到的氢甲酰化反应第五代 RCH/RP 催化剂工艺，该技术成功开发了适用于丙烯氢甲酰化的水—有机两相催化体系。但是对于水溶性差的高碳烯烃原料，由于反应活性太差以至于无法实现工业化。为应对上述问题，在水—有机两相催化体系的基础上，又发展了六种两相催化工艺。

1）水/有机两相催化

水/有机两相催化反应是指在水溶性过渡金属络合物催化下，在水相或者两相界面所进行的反应。在反应完成后，催化剂与产物分别处于水油两相，以实现催化剂的分离回收。图 1.15 展示了水/有机两相催化的基本原理。该体系的关键技术是水溶性膦配体的合成使用。目前为了改善两相催化反应性能，拓宽原料范围，大量的新型水溶性膦配体被设计并合成出来。文献报道较多的主要有利用磺酸基、羟基、羧基、季铵盐和聚氧乙烯醚等亲水性较强的官能团，对有机膦配体进行功能化，从而获得新型的水溶性膦配体[81,101—104]。

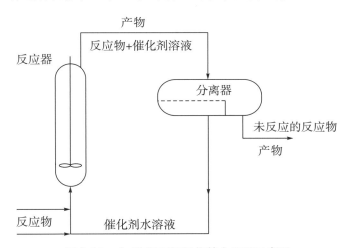

图 1.15 水/有机两相催化基本原理示意图

以磺酸基功能化膦配体在水油两相催化体系的应用为例，与经典的 Rh/TPPTS 催化体系相比，van Leeuwen 等[105]合成了磺化的 Xantphos 配体［图1.16（a）］，在丙烯的氢甲酰化反应中获得了较高的产品醛正异比，但反应活性有所下降。袁茂林等[106]将 BISBIS 应用于水油两相反应体系中 Rh 催化的 1-丁烯氢甲酰化，获得较高的产品醛正异比，同样反应活性降低。值得注意的是，Rh/BINAS催化体系[107]的反应活性提高 10 倍以上，且产物醛的正异比高达 49。但 BINAS 价格昂贵且易分解失活，不利于大规模工业化应用。也就是说，目前为止还没有发现理想的配体（在水溶性、活性、选择性及价格方面）可以取代经典的 TPPTS 配体。此外，水油两相体系适用于水溶性较好的低碳烯烃原料，但是反应原料为丙烯时传质较慢，反应受动力学控制。对于碳原子数目大于 6 的高碳烯烃，水溶性太差导致反应由传质控制，因此氢甲酰化反应活性一般较低。

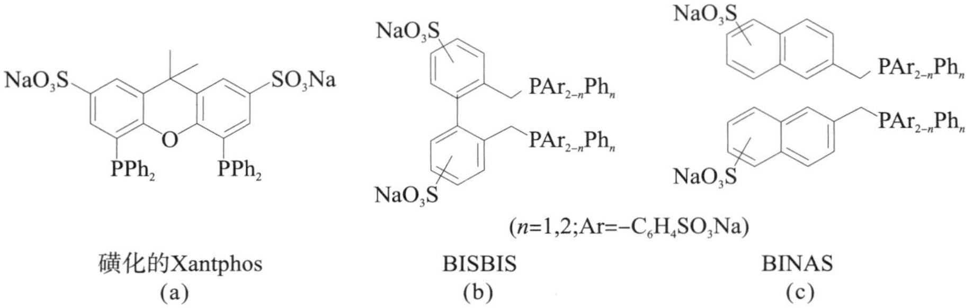

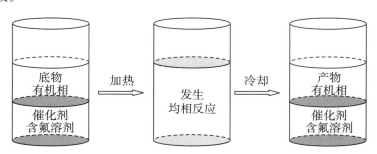

图 1.16　磺化的双齿膦配体示意图

2）氟两相体系催化

1994 年，Horváth 等[108-109]开发出一类新型的无水两相催化体系，即氟两相体系（fluorous biphase systems，FBS），并将其成功地应用于高碳烯烃氢甲酰化反应。这个体系的基本原理如图 1.17 所示，即氟化溶剂与常见有机溶剂的混溶性会随温度变化而变化。也就是说，在操作温度下（60～120℃），氟化溶剂和有机溶剂混溶；而在室温下，两类溶剂互不相溶，从而实现催化剂的分离回收。

图 1.17　氟两相催化基本原理

能使用氟两相体系催化的前提条件是过渡金属络合物催化剂在氟化溶剂中的可溶性，这主要通过合成全氟化的配体来实现。常用的全氟化基团为支链较少的—C$_6$F$_{13}$和—C$_8$F$_{17}$等基团,这些基团的长度和数量主要影响催化剂在氟相中的溶解度。一般情况下会使用 2~3 个碳原子的亚甲基来间隔膦配体中的 P 原子和具有强吸电子效应的全氟化基团,以保证膦配体具有较好的配位能力。

虽然氟两相体系催化能成功地将两相催化技术推广应用到高碳烯烃氢甲酰化反应,一定程度上解决了因传质较慢造成的反应速率差等问题,但是在 FBS 中,由于使用昂贵的氟化配体和氟化溶剂,且金属 Rh 极易流失,会导致生产成本增加。同时,全氟代烷溶剂对臭氧层有一定的威胁,在对环境保护有高要求的今天,氟两相体系工业化的可能性极小。

3)温控相转移催化

温控相转移催化(thermoregulated phase-transfer catalysis,TRPTC)是大连理工大学金子林等[110-113]基于温控配体的浊点特性而提出的概念。浊点是指当温度上升到一定程度时,非离子表面活性剂溶解度急剧下降并析出,溶液出现浑浊,此时的温度称为浊点。在催化过程中,由温控配体和过渡金属组成的催化剂可以对温度的变化产生响应,在水和有机相间转移。该过程的基本原理如图 1.18 所示。反应前(室温),催化剂在水相,反应物在有机相。当反应体系被加热至温度高于浊点时,催化剂会转移至有机相,进行反应;反应完成后,冷却至室温,催化剂又会转移到水相。因此可以通过简单的倾析实现催化剂的循环使用。也就是说,TRPTC 过程将均相催化和多相催化完美地结合起来,实现了一相反应、两相分离的目的。与水油两相体系相比,TRPTC 催化体系反应原料的水溶性不再是反应速率的控制因素。

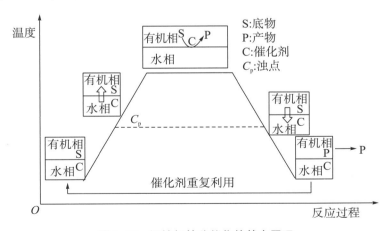

图 1.18 温控相转移催化的基本原理

TRPTC 体系已成功地应用于水油两相催化的高碳烯烃氢甲酰化反应,如水溶性极差的碳十二烯烃，可以获得较高的 TOF 值（182 h^{-1}）及产品醛产率（91.2%），且催化剂循环使用 6 次几乎没有 Rh 流失，但遗憾的是，产品醛的正异比很低。因此，对于该催化体系，设计并合成大空间位阻的温控多齿配体可能是一个热门的研究方向。

4）超临界流体两相催化

在两相催化体系中，反应原料的溶解性对反应性能有较大的影响。超临界流体是一种溶解性极强的液体，可以溶解大多数的低中极性有机溶剂和永久性气体。如果催化剂络合物也能溶于超临界流体，则可以实现真正意义上的均相催化反应，提高催化反应性能。超临界 CO_2（supercritical CO_2，scCO_2）是一种无毒、廉价易得的环境友好型介质，所以在超临界流体两相催化体系中有着广泛的应用。

在具体实施中，大多数有机膦铑络合物催化剂在 scCO_2 中溶解性较差，常用的解决策略是利用亲 CO_2 的全氟芳烃基团对含芳烃取代的配体进行改性，以获得令人满意的催化效率[114-115]。Bhattacharyya 等[116]对比了 Rh/PPh$_3$ 与 Rh/P$[C_6H_4(CH_2)_2(CF_2)_6F]_3$ 催化体系在 scCO_2 介质中 1-辛烯氢甲酰化反应性能，结果发现 Rh/PPh$_3$ 催化剂的催化效率（转化率：26%，正异比：3.5）远低于 Rh/P$[C_6H_4(CH_2)_2(CF_2)_6F]_3$ 催化剂（转化率：92%，正异比：4.6）。Erkey 等[117-120]研究了在 scCO_2 介质中不同种类全氟芳烃基团修饰的膦配体对高碳烯烃氢甲酰化反应性能的影响。采用新型 HRh(CO)$[P-(3,5-(CF_3)_2-C_6H_3)_3]_3$ 催化剂在 1-辛烯氢甲酰化反应中，TOF 值高达 15000 h^{-1}，且催化剂可以循环使用，这表明 scCO_2 介质确实促进了传质的进行，进而加快了催化反应速率。

5）离子液体两相催化

近年来，离子液体因具有挥发性小、熔点高、热稳定好、溶解度高等优势受到研究人员的广泛关注，特别是利用其溶解度高的特性，可以很好地应用于氢甲酰化两相催化反应中。

1995 年，Chauvin 等[121-122]首次报道了在室温离子液体中 Rh 基催化的氢甲酰化反应。他们将 Rh(acac)(CO)$_2$/PPh$_3$ 催化剂溶于离子液体 1-丁基-3-甲基咪唑六氟磷酸盐（[BMIm][PF$_6$]）和 1-乙基-2,3-二甲基咪唑四氟硼酸盐（[EMMIm][BF$_4$]）中，探究了 1-戊烯的氢甲酰化反应。结果表明，在 80℃，2 MPa 的条件下，己醛的回产率为 99%，己醛的正异比为 3，TOF 值为 333 h^{-1}。然而，由于使用了 PPh$_3$ 配体，Rh 催化剂在反应底物和产品中也有一定的溶解度，从而造成少量 Rh 流失。

2000 年，Wasserscheid 等[123]专门合成了含有二茂钴阳离子骨架的离子膦配体，并将其成功应用于两相催化的 1-辛烯氢甲酰化反应中。该催化体系在 100℃，1 MPa 条件下，获得的 TOF 值为 800 h^{-1} 且产品醛的正异比高达 16.2。值得一提的是，在该离子膦配体存在的条件下，反应仅发生在离子液相中，反应后仅发现极少量的 Rh 流失在产品层中。

之后，Wasserscheid 等[124]发现用离子胍盐修饰中性膦配体可以有效地将 Rh 络合物催化剂固载于离子液体中。如胍盐修饰的 PPh$_3$ 配体，在氢甲酰化反应中可以将 Rh 流失量降低至约 0.07%。

Anders Riisager 等[83]综述了在室温离子液体中氢甲酰化反应的研究进展，讨论了不同反应原料及产物在不同种类离子液体体系中的溶解性差别等。但是由于离子液体价格较昂贵，特别是高纯度离子液体的提纯更为复杂，生产成本高，限制了该方法的工业化应用。但近年来随着离子液体需求量的增大及合成和提纯技术的改进，离子液体价格有所下降，已有首例离子液体两相催化工业应用的报道[125]。

6）超临界流体-离子液体两相催化

在超临界流体两相和离子液体两相的基础上，Cole-Hamilton 等[126]开发了 scCO$_2$/离子液体两相催化，并将其应用于高碳烯烃的连续氢甲酰化反应中。在该体系中，烯烃、合成气及 scCO$_2$ 同处一相，离子化的 Rh 催化剂溶于离子液相中，反应原料烯烃和合成气被 scCO$_2$ 送入反应器，原料与催化剂充分反应后，溶解了产品的反应液同样被 scCO$_2$ 带出反应器，将 CO$_2$ 挥发掉后即可得到相应的产品（图 1.19）。

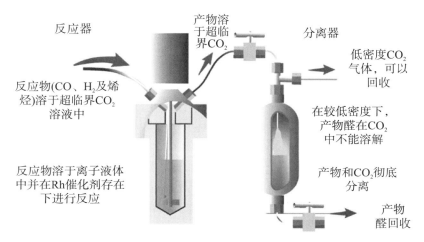

图 1.19　超临界 CO$_2$—离子液体两相催化体系催化的氢甲酰化反应示意图

scCO₂/离子液体两相催化体系被应用于 1-辛烯的连续氢甲酰化反应的首例研究报道[127]，采用了离子化的 Rh₂（OAc）₄/［PhP（C₆H₄SO₃）₂］［PMIm］₂（PMIm 为 1-丙基-3-甲基咪唑）催化剂，离子液体是［BMIm］［PF₆］，在100℃，2 MPa 合成气压，20 MPa 总气压的条件下，连续反应 33 h，催化活性 TOF 值维持在 8 h⁻¹，正壬醛选择性达 76%，正异比为 3.2，Rh 流失量小于百万分之一。在该体系中，scCO₂ 不但可以代替有机溶剂，溶解反应物和催化剂，提升催化剂的反应性能，更重要的是 scCO₂ 作为介质既将反应物送入反应器，又将溶解有产品的反应液带出反应器，实现了工艺上的连续操作和催化剂的循环使用，具有很好的工业应用前景。

1.3　CO₂ 与环氧化合物加成制备环状碳酸酯的反应概述

1.3.1　环碳酸酯的用途及研究意义

在过去的几十年，CO₂ 的过度排放被认为是导致温室效应和气候变化的主要因素之一，然而，CO₂ 又是一种来源广泛、廉价易得、无毒不易燃的 C1 资源，可转变成为高附加值的化工产品。因此，与简单的 CO₂ 捕获与储存技术（carbon capture and storage/sequestration，CCS）相比，CO₂ 化学固定技术被认为是更有希望的一种实现 CO₂ 减排及碳循环利用的方式。在 CO₂ 转化技术中，CO₂ 与环氧化合物环加成反应制备环碳酸酯的技术（图 1.20）是最成功的例子之一。该反应实现了 CO₂ 的"变废为宝"——产品环状碳酸酯如碳酸丙烯酯和碳酸乙烯酯，是优良的非质子型极性溶剂，具有溶解能力强和毒性相对较低等优点，可用作分离混合物的萃取剂、添加剂、锂离子电池的电解质溶液和制备聚碳酸酯等聚合材料的单体[128]。与工业上传统的制备环状碳酸酯的方法（光气法）相比，由于光气本身的剧毒性以及产生的氯化氢的腐蚀性，采用 CO₂ 为原料制备环状碳酸酯更加符合绿色化学的要求。另外，该反应几乎没有副产物产生，具有 100% 的原子经济性，所以 CO₂ 和环氧化合物的环加成反应符合绿色化学原子经济性的要求，也符合当今社会可持续发展的要求。

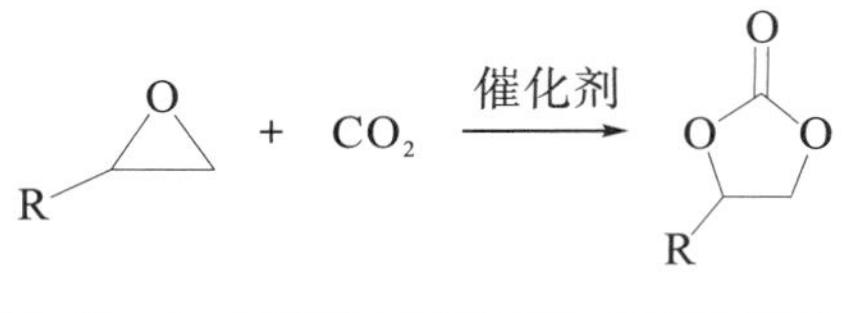

图 1.20　二氧化碳与环氧化物的环加成反应

1.3.2　CO_2 与环氧化合物加成反应催化剂

由于 CO_2 分子的高热稳定性及低反应活性，CO_2 与环氧化合物环加成反应制备环碳酸酯通常需要严苛的反应条件，非常依赖合适的催化剂来解决上述问题。目前，研究人员已开发和研究出多种催化剂体系，主要由亲核试剂及 Lewis 酸两部分构成。这些催化体系可以大致分为均相催化体系和多相催化体系。

1.3.2.1　CO_2 与环氧化合物加成反应均相催化研究进展

如前面所述，均相催化剂具有反应条件温和、催化效率高的优点。在 CO_2 与环氧化合物制备环碳酸酯领域，被广泛研究的均相催化剂主要包括金属 Salen 型络合物催化剂、大环金属卟啉配合物催化剂及离子液体催化剂等。

1）金属 Salen 型络合物催化剂

金属 Salen 型络合物催化剂在 CO_2 与环氧化合物环加成反应中应用的显著特点是需要添加额外的助催化剂（亲核试剂）。Nguyen 等[129] 将 Cr(Ⅲ)-Salen ［图 1.21（a）］与 4-二甲氨基吡啶［(4-dimethylamino)pyridine，DMAP］组成的复合催化体系应用于 CO_2 与环氧化合物环加成反应中，研究发现 Cr(Ⅲ)-Salen 与 DMAP 单独作为催化剂均没有活性，但组成复合催化剂时出现了协同催化效应。此外，在室温及 7×10^5 Pa CO_2 压力条件下，催化剂的反应活性非常低。基于这一报道，之后很多研究人员致力于探究 Salen 化合物作为 Lewis 酸的各类催化体系，在温和条件下用于 CO_2 与环氧化合物环加成反应中的催化性能[130-133]。

North 等[134] 开发了新型 Salen-Al 双核化合物与四丁基溴化铵 (tetrabutylammonium bromide，TBAB) 组成的催化体系，在 0℃、1.01×10^3 kPa CO_2 压力条件下反应 3 h，碳酸丙烯酯的产率高达 77%，反应活性高于任一单金属 Salen 化合物催化体系[135]。尽管 Salen-Al 双核化合物与 TBAB 催化体系在室温条件下，可以获得优异的催化性能，但是研究人员仍希望可以开发出后处理方便的单组分双功能催化剂以实现 CO_2 的温和转化。在这一方面，North 等做了很多工作[136-137]，他们合成了季铵盐和季膦盐功能化的 Salen-Al 双核催化剂［图 1.21（b）和（c）］，在室温条件下，将其应用于 CO_2 与端环氧化合物的环加成反应中，表现出了良好的催化反应性能。此外，季铵盐功能化的 Salen-Al 双核催化剂与单组分 TBAB 催化剂具有同样的活性，同时具备单组分 TBAB 催化剂的优势。

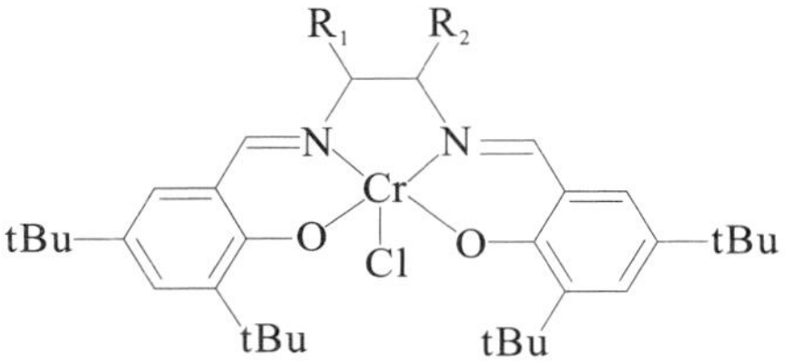

(a)

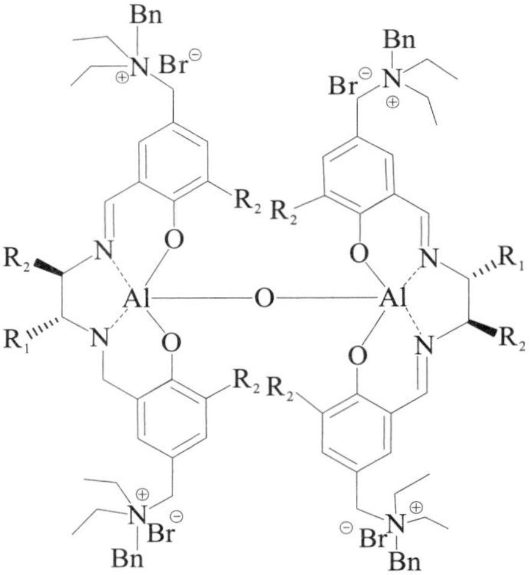

(b)

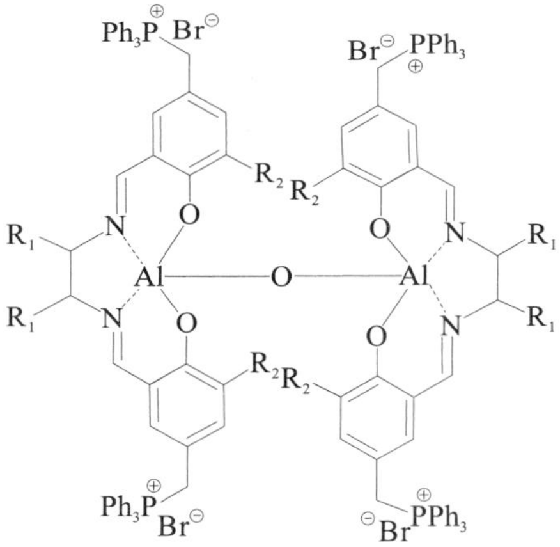

(c)

图 1.21　金属-Salen 型催化剂的结构

2）大环金属卟啉配合物催化剂

大环的卟啉配合物对 CO_2 与环氧化合物的环加成反应具有很好的催化活性。由于骨架中存在构成大环的吡咯结构和大的芳环，卟啉可以与 CO_2 发生强的相互作用，以实现 CO_2 的活化。特别是金属卟啉作为最有催化活性的 Lewis 酸之一，已经被广泛应用于该反应中。

1986 年，Aida 等[138]首次开发出均相单位点卟啉催化剂 [图 1.22（a）]，利用 Al 作为金属活性中心，外加等物质的量的四乙基溴化铵（Et$_4$NBr）或乙基三苯基溴化磷（EtPh$_3$PBr），在环碳酸酯制备反应中表现出较好的催化活性。

Madea 等[139]探究了季铵盐功能化的 Zn-卟啉单组分双功能催化剂［图 1.22 (b)］在该反应中的应用。结果显示，在 20℃下，反应 48 h，CO$_2$ 与氧化 1-己烯反应生成目标环碳酸酯的产率达 82%，TON 值为 1640，计算的 TOF 值为 34.2 h^{-1}，这在均相催化体系室温条件下将 CO$_2$ 与环氧化合物转化至目标环碳酸酯的结果中，是目前已报道的活性最高的。他们也提出了详细的反应机理，验证了在环氧化合物开环决速步骤中，修饰的季铵阳离子链和金属中心的协同作用促进了底物环氧化合物的开环，这与之前功能化 Mg-卟啉催化体系的反应机理类似。

此外，功能化的其他金属中心的卟啉配合物催化剂（Mg、Co、Cr、Ru、Fe 及 Sn）等也见诸文献报道[140-143]。

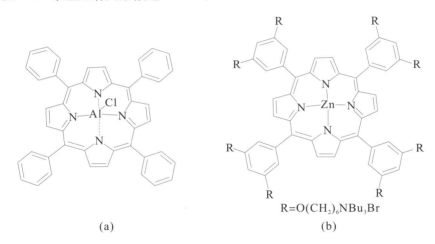

R=O(CH$_2$)$_6$NBu$_3$Br

(a)   (b)

图 1.22   （a）Aida 等合成的催化剂；（b）Madea 发明的双功能催化剂

3）离子液体催化剂

在 CO$_2$ 与环氧化合物的环加成反应领域应用最多的离子液体当属咪唑盐、季铵盐和季鏻盐等。

首次将离子液体应用于 CO$_2$ 制备环碳酸酯反应的是邓友全[144]。他们探究了基于 1-n-丁基-3-甲基咪唑盐（BMIm$^+$）和 n-丁基吡啶盐（BPy$^+$）的离子液体，在无溶剂条件下 CO$_2$ 与环氧丙烷环加成反应中的催化性能，通过对比研究不同种类的离子液体，发现［BMIm］［BF$_4$］离子液体性能最优。之后，Kawanami 等[145]在超临界 CO$_2$ 存在的条件下，将不同链长阳离子基团修饰的离子液体应用于环碳酸酯制备反应中，发现 1-辛基-3-甲基咪唑四氟硼酸盐（$[C_8C_1Im]BF_4$）离子液体是活性最好的催化剂。

除咪唑盐之外，季铵盐离子液体也能很好地催化 CO_2 与环氧化合物的环加成反应。Caló 等[146]报道了四丁基卤化铵盐在该反应中的应用，通过不同阳离子（噻唑、咪唑、吡啶及四烷基铵盐）的结构效应及阴离子（Br^- 和 I^-）的亲核性制备了离子液体催化剂，发现四烷基铵盐离子液体的催化活性最高，这可能是因为四烷基铵根离子较大的空间位阻，有利于阴离子的离去，进而增加阴离子的亲核性，从而促进环氧化合物开环。

另外，也有文献报道了其他一些新型离子液体，如双阳离子、三阳离子及异硫脲离子液体等作为催化剂在环氧化合物与 CO_2 环加成反应中的应用[147-148]，这里不做详细介绍。

1.3.2.2 CO_2 与环氧化合物加成反应均相催化剂多相化研究进展

尽管均相催化剂可以在相对温和的条件下，实现 CO_2 与环氧化物环加成反应的高效转化，但是在使用均相催化剂时，下游产品的回收、催化剂的分离及循环使用等问题会使得工业操作的连续过程变得烦琐，不切实际。因此，开发廉价、稳定、可再生的高效多相催化剂用于环碳酸酯的生产，可以解决上述均相催化剂缺点，这也是一项很有必要的任务。目前文献报道的多相催化体系包括金属氧化物[149]、分子筛[150]及蒙脱石[151]等，但是这些催化剂的活性远不如前面讨论的均相催化体系。为了将多相催化剂具有的易分离与均相催化具有的高活性、高选择性和反应条件温和等优点有机地结合起来，在 CO_2 与环氧化合物环加成反应领域，均相催化剂多相化技术开始受到研究人员的青睐并取得了较大的进展。这些研究可以大致分为无机载体和有机载体固载化两大类，下面将进行简单的论述。

1) 无机载体固载化

如前面所述，均相 salen 型、卟啉型金属络合物及离子液体等在环氧化合物与 CO_2 反应中表现出非常好的催化反应性能。所以，多相催化的固载化思路之一是将这些均相催化剂负载于无机载体上，在催化剂便于回收使用的基础上，来提高多相催化剂的催化反应性能。

2004 年，García 等[152]用两种方法将 Cr－Salen 化合物固载于 SiO_2 和 ITQ-2 等载体上，发现采用物理吸附法制备的 Cr-Salen/SiO_2 和 Cr-Salen/ITQ-2 催化剂，在使用一次以后，即出现 Cr-Salen 化合物的流失。而采用共价附着法制备的 Cr-Salen/NH$_2$SiO$_2$ 催化剂，可以循环使用 4 次，并保持较高的转化率及环碳酸酯产率。

何仁等[153]将 Al-酞菁化合物共价固载于 MCM-41 载体上，使用 n-Bu$_4$NBr 作为共催化剂，发现其在 CO$_2$ 与环氧化合物反应中表现出良好的催化活性及稳定性（循环使用 10 次）。吕小兵等[154]将 Co-Salen 通过烷基链相连的方式，将其共价固载于 MCM-41 载体的孔道中，加上 n-Bu$_4$NBr 后，在超临界 CO$_2$ 条件下，实现了 CO$_2$ 与环氧乙烷的连续反应，且催化剂连续使用 24 h 未发现失活现象。另外，还有将离子液体固载于无机载体上的报道，这里不再进行详细介绍[155]。

2）有机载体固载化

García 等[156]将 Al-Salen 络合物固载于氨基功能化的聚苯乙烯材料或者聚乙二醇二甲基丙烯酸酯载体上，发现这些聚合物催化剂的活性与均相 Al-Salen 络合物催化剂类似，而且聚合物载体的性质会影响催化剂的活性及循环使用稳定性。

韩布兴[157]对离子液体进行乙烯基官能团化修饰，与 DVB 共聚，实现了离子液体的固载化。纪红兵[158]通过傅克烷基化反应合成了一系列含金属卟啉的超高交联聚合物（metalloporphyrin － based hypercrosslinked polymers，M－HCPs）。这些 M－HCPs 具有高的比表面积、丰富的纳米孔及超常的 CO$_2$/N$_2$ 吸附选择性，在 CO$_2$ 和环氧丙烷的环加成反应中，在外加 n-Bu$_4$NBr，100℃，3 MPa 反应条件下，TOF 值可达 14880 h^{-1}，催化活性明显优于相应的均相体系。同时该催化剂易于回收，在循环使用超过 10 次后，仍具有良好的稳定性。

目前，大多数均相催化固载化催化剂，均需要额外添加离子液体等共催化剂，最近将 Lewis 酸及亲核试剂组分集成于同一材料的单组分多功能催化剂也相继被报道[159－161]。

1.4 多孔有机聚合物（POPs）材料的合成及其在催化领域应用简介

多孔有机聚合物（POPs）材料是一类由 C、H、O、N 等轻元素组成的新型多孔材料，具有低骨架密度、高比表面积、高热稳定性、化学结构可控及孔体积可调等优点，被广泛应用于气体储存、制药、环境及催化等领域。它是由纯粹的有机分子形成的共价键连接构成，易于修饰而且能在分子水平上引入活性中心。与其他的多孔材料，如分子筛、二氧化硅、金属有机骨架材料（metal-organic frameworks，MOFs）和金属有机笼等相比，POPs 材料更大的优势是可以通过改变构建单元的官能团或采用不同的合成方法来实现多官能团化，进而用于功能化催化反应。此外，POPs 材料是通过强的共价键（C—C 键和 C—H 键）连接，因此具有很强的化学稳定性及热稳定性。

通常情况下，根据 POPs 材料的结构特点以及合成方式的不同可将其分为以下四类：①超交联聚合物（hyper-crosslinked polymers，HCPs），②共轭微孔聚合物（conjugated microporous polymers，CMPs），③固有微孔聚合物（polymers of intrinsic microporositys，PIMs），④共价有机框架（covalent organic frameworks，COFs）。其中，COFs 材料是通过热力学上可逆的缩合反应构建起来的，具有明确的晶型结构，而其他三种聚合物材料是无定型的，这些材料主要通过微孔结构和固有的比表面积等参数作为比较基准进行界定。目前报道的无定型的多孔有机聚合物材料的最高 BET 比表面积为 2000 m^2/g[162]，而结晶的 COFs 材料的最高 BET 比表面积可达 4210 m^2/g[163]。下面分别对这四种材料和基于自由基聚合反应构建的聚合物的合成及其在催化领域的应用进行简要的介绍。

1.4.1　超交联聚合物（HCPs）

超交联聚合物（HCPs）是最早被研究的一类聚合物材料，这类聚合物是通过密集的交联来阻止高分子链的密集堆积而形成，主要基于傅克-烷基化反应制备得到。由于交联网络的高度刚性，超交联微孔聚合物材料一般具有稳定的孔结构、较高的比表面积和较大的微孔体积。HCPs 主要通过以下三种方法制备：①含官能团聚合物前体后交联；②功能化小分子一步法自缩聚；③外交联剂"编织"芳香族单体。

关于含官能团聚合物前体后交联的制备方法，最有代表性的研究是由 Davankov 等完成的。早期人们认为高分子链的柔性会导致其内部结构坍塌，而 Davankov 等[164]通过聚苯乙烯类聚合物前体的后交联实现了超交联聚苯乙烯网络聚合物的制备。该方法得到的聚合物不仅具有永久性的微孔，而且一般具有较高的比表面积。

之后，为了突破采用前体后交联方法可选择单体种类少的限制，人们开发了功能化小分子一步自缩聚的制备方法。如 Cooper 等[165]采用功能化的氯化苄基芳环化合物，利用缩合反应同样得到了高比表面积的超交联网络，通过改变不同单体间的比例，最高比表面积可达 1904 m^2/g，在储氢方面存在巨大的潜力。除了传统的含有氯甲基基团的单体能够发生自缩聚反应外，谭必恩[166]等报道了含羟甲基官能团的苄醇类单体通过傅克-烷基化反应自缩聚形成具有高比表面积的 HCPs 材料，大大扩展了合成 HCPs 材料的可选单体范围。此外，他们基于 Scholl 偶联反应又进一步拓展了不含官能团单体的一步法自缩聚反应[167]，如通过小分子配体三苯基膦和三苯基苯的共聚，将磷元素引入聚合物骨架中用于络合钯纳米颗粒，制得负载 Pd 的微孔材料，这种材料对于催化 Suzuki-Miyaura 偶联反应显示出很好的催化活性和选择性。

2011 年，谭必恩的研究小组又提出了一种新的合成策略[168]，即外交联剂"编织"芳香族单体法（图 1.23）。该方法具有以下几个优点：合成策略具有普适性，构建单体单元来源广；合成条件温和，试剂廉价，适合大规模工业化生产；合成的聚合物具有较高的比表面积和丰富孔道结构；可通过调控构建单体单元种类及比例进而调控形成聚合物的孔道结构。例如，采用"编织"方法将苯和三苯基膦共聚（图 1.24），负载 $PdCl_2$ 后，最终制备出高分散的 KAPs(Ph-PPh₃)-Pd催化剂。这种催化剂在氯代芳烃和苯硼酸的 Suzuki-Miyaura 偶联反应中表现出非常高的催化活性并且远高于均相的 $PdCl_2$ 及 Pd(PPh₃)₂Cl₂ 催化剂[169]。

HCPs 聚合物材料由于合成方法简单，构建单体廉价易得，目前已经成为首个成功应用于工业化生产的 POPs 材料。

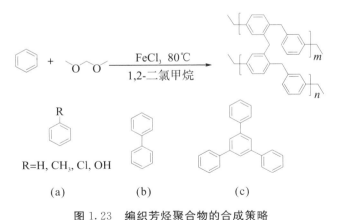

图 1.23 编织芳烃聚合物的合成策略

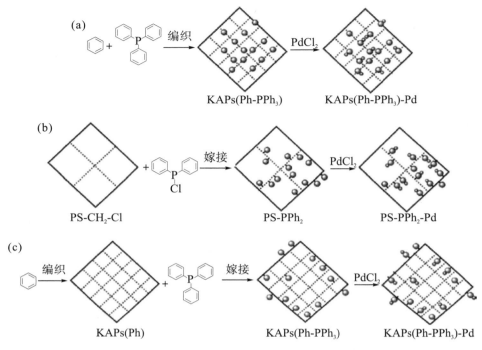

图 1.24　KAPs(Ph-PPh₃)-Pd 催化剂的制备步骤

1.4.2　共轭微孔聚合物（CMPs）

共轭微孔聚合物（CMPs）是通过刚性的单体反应形成大的共轭体系撑出孔道结构，从而得到的一类微孔（孔径小于 2 nm）材料。从分子水平设计角度来看，CMPs 材料的特点之一是构建单体具有多样性，可以从苯基拓展到芳基、大环及杂环芳香单元等。从合成观点来看，可以利用 Suzuki 偶联、Sonogashira-Hagihara、氧化偶联、Yamamoto 和 Schiff-base 等反应来有效地制备各种各样的 CMPs 材料。通过选择合适的构建单体和交联合成方式，可以调控 CMPs 材料的孔结构，从而优化骨架并使材料具有不同特性。

2007 年，Cooper 等[170]利用 Sonogashira-Hagihara 偶联反应首次合成了一系列聚芳基乙炔共轭微孔聚合物（PAE CMPs）材料。尽管这些材料是无定型的，但可以通过调控刚性单体的长度来改变 PAE 共轭微孔聚合物的微孔孔径分布及 BET 比表面积等结构参数，最大比表面积可达 834 m²/g（表 1.4）。

目前，CMPs 材料已经被应用于传感器、气体吸附与捕集、储能及光发射等领域，更重要的是其在多相催化方面的应用也取得了很大的进展。制备

CMPs 材料作为多相催化剂，常常采用自下而上的策略将催化基团直接引入 CMPs 材料骨架中。如 Cooper 等[171]通过一锅法或后修饰法制备了一种基于环金属 Ir 化合物的金属有机 CMPs 材料，这种材料在不同底物的还原胺化反应中表现出较高的催化活性，与均相 Ir 催化活性相差无几。此外，CMPs 材料中的杂原子也可以作为配位点稳定金属催化剂，如丁云杰与詹庄平[172]合作，制备了一系列含有炔基的联吡啶 CMPs 材料作为多相配体，并将其应用于 Pd 催化的简单中性烯烃和苯基硼酸酯的选择性氧化 Heck 偶联反应中，获得了非常高的线性产物选择性。姜东林[173−174]、Thomas[175]和王为[176]等也通过选择不同的结构单体设计合成出不同种类的 CMPs 材料，并研究了其在 Pd 催化的碳碳偶联反应、转移加氢及醇类酰化等催化反应中的应用。

表 1.4　不同类型 CMPs 材料的孔结构参数

	炔基单体	卤素单体	S_{BET} (m²/g)	S_{micro} (m²/g)	V_{micro} (m²/g)	V_{tot} (cm³/g)	L_{av} (nm)
CMP-1			834 (728)	675	0.33 (0.34)	0.47	1.107
CMP-2			634 (562)	451	0.25 (0.24)	0.53	1.528
CMP-3			522 (409)	350	0.18 (0.17)	0.26	1.903
CMP-4			744 (645)	596	0.29 (0.26)	0.39	1.107

1.4.3　固有微孔聚合物（PIMs）

固有微孔聚合物（PIMs）是通过刚性或者扭转的分子结构，迫使高分子链无法有效占据自由空体积而形成的一类微孔材料。这类材料主要通过不可逆反应合成，利用刚性扭曲的单体分子产生孔道结构。

2002 年，McKeown 和 Budd 等[177]首次合成了螺环连接的基于 Fe-卟啉骨架的 PIMs 材料（图 1.25），其比表面积可达 866 m²/g，最终制备的 FeP-PIM 材料在催化对苯二酚氧化反应中表现出优异的催化活性。

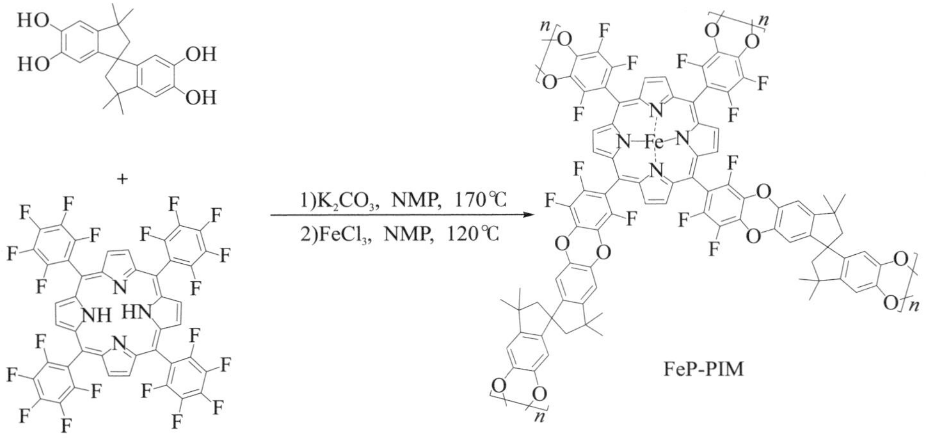

图 1.25　基于 Fe-卟啉骨架的 PIMs 材料的合成

2003 年，McKeown 等[178]合成了首例含有类似联吡啶骨架的功能化 PIMs 材料（图 1.26），比表面积达 775 m²/g。通过后修饰法引入 PdCl₂ 至材料骨架中，得到的 Pd-PIMs 材料，这种材料在催化 Suzuki 偶联反应中获得了很好的活性。循环使用一次后，发现有 20% 金属 Pd 流失，但是继续循环使用 4 次，活性没有出现持续下降。

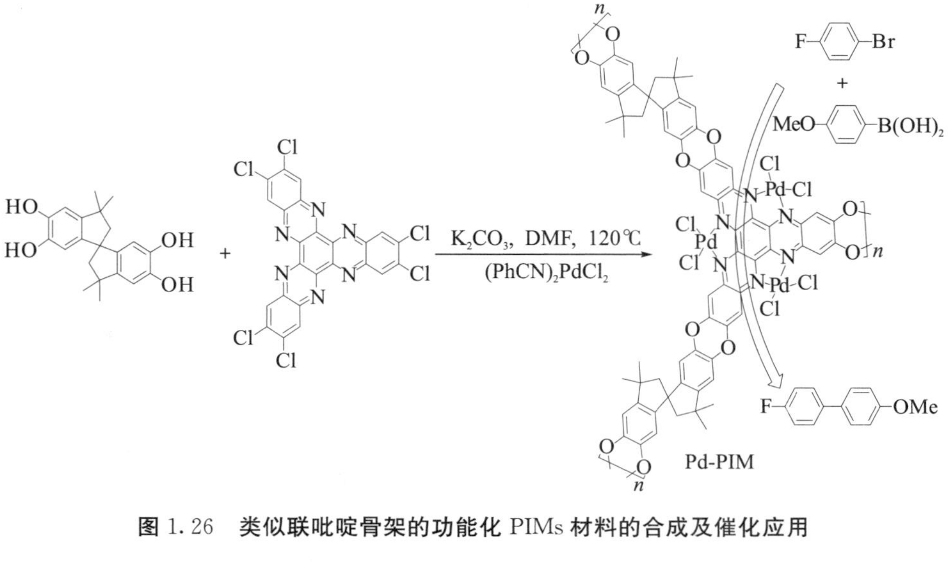

图 1.26　类似联吡啶骨架的功能化 PIMs 材料的合成及催化应用

PIMs 材料一般包括可溶的和不可溶的网络聚合物材料，其中可溶的 PIMs 材料可以加工制膜，这也是 PIMs 材料与其他多孔有机材料的主要区别之处。

1.4.4 共价有机骨架聚合物（COFs）

共价有机骨架聚合物（COFs）是通过可逆反应缩合形成的具有晶体结构的多孔材料，主要通过动态共价键如 B—O 或 C ═N 等来构筑 COFs 材料。2005 年，首例 COFs 材料由 Yaghi 课题组[179]合成，制得的 COF-1 和 COF-5 材料具有高的热稳定性（温度达 500~600℃）、高比表面积（711 m^2/g 和 1590 m^2/g）和均一规整的二维孔道结构。2007 年，他们[163]又成功合成了具有三维孔道结构的 COFs 材料，比表面积高达 4210 m^2/g。图 1.27 给出了目前用于制备 COFs 材料的几个具有代表性的动力学反应[180]。

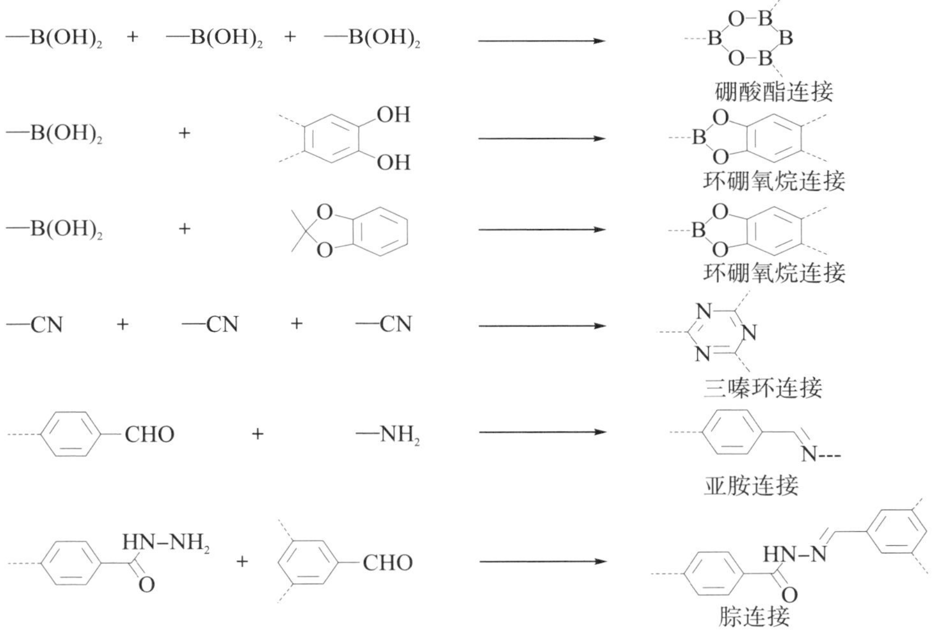

图 1.27 制备 COFs 材料的部分代表性动力学反应

2011 年，兰州大学王为等[181]首次报道了 COFs 材料在多相催化中的应用。他们以对苯二胺与 1,3,5-均三苯甲醛为原料，通过可逆缩合反应形成 COF-LZU1 材料，其 BET 比表面积为 410 m^2/g，该材料骨架中丰富的 N 原子可与 Pd 进行配位，最终制得的 Pd/COF-LZU1 材料在 Suzuki 偶联反应中表现出很好的催化活性，产物产率大都在 95% 以上，催化剂循环使用 4 次未见明显失活。

姜东林等[182]通过后合成策略将手性吡咯烷引入 COFs 材料骨架中得到手性催化材料 Pyr-COF，并将其应用于醛对硝基烯烃的不对称 Michael 加成反应中。COFs 材料因其具有晶体结构，从理论上可以实现多孔晶体材料的设计和合成。

虽然目前 COFs 材料的应用领域还不是很广泛，但是因其较大的比表面积、规整的结构和可控的合成策略等优点，COFs 材料仍展现了美好的应用前景。

1.4.5 基于自由基聚合反应构建的聚合物

上述一些多孔有机聚合物材料是通过金属催化的偶联反应来制备的，会造成最终制备的产物中残存金属催化剂，进一步影响用该材料制备的催化剂的催化反应性能，使得应用这类催化剂的催化过程变得更加复杂。此外，因为有些多孔有机聚合物材料是通过不完全的缩合反应制得，所以制备原料不能实现完全地定量转化，导致多孔有机聚合物材料的产率降低。为了克服这些问题，研究人员又开发出在不使用金属催化剂的条件下，产率接近 100% 的多孔有机聚合物合成策略，典型的例子就是基于自由基反应构建的聚合物材料。

利用该合成策略，韩布兴[157]课题组采用 DVB 作为交联剂，将 1-乙烯基咪唑交联至聚合物骨架中，制得了不溶于有机溶剂的无孔聚合物材料（图1.28），这种材料在 CO_2 与环氧化合物加成反应中表现出较好的催化性能。

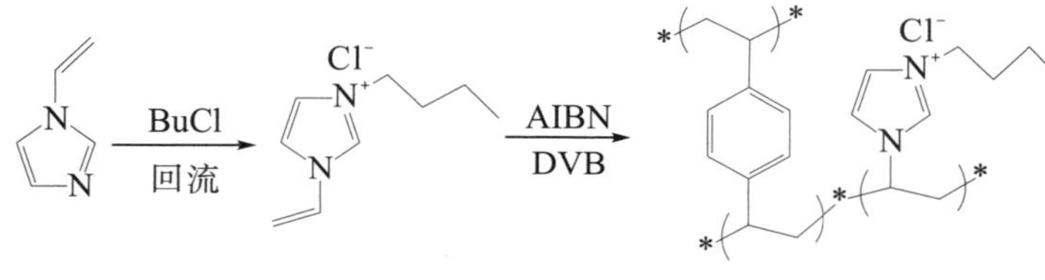

图 1.28 基于自由基聚合反应制备无孔聚合物材料

肖丰收[183]课题组利用溶剂热聚合法，在不使用金属和模板剂的条件下，合成了系列多孔聚二乙烯基苯聚合物，产率接近 100%。这种方法还可以通过选择不同的溶剂类型来调控此类多孔有机聚合物的孔径分布及多级孔道结构。

在溶剂热聚合法的基础上，肖丰收和丁云杰[184]共同报道了乙烯基官能团化有机配体的合成（图 1.29），并通过自由基反应构建了一系列具有良好热稳定性、多级孔道结构的多孔有机配体聚合物 POLs（Porous Organic Ligands）。其中 POL-PPh₃ 聚合物自负载金属 Rh 后得到的 Rh/POL-PPh₃ 催化剂在高碳烯烃氢甲酰化反应中表现出较好的催化活性和化学选择性。姜森等对该催化剂开展了进一步研究，将其应用于固定床氢甲酰化反应，发现催化剂上单原子分散的 Rh 活性中心及多重 Rh—P 配位键的存在，是其具有高活性和优异稳定性的主要原因[185]。但是由于该催化剂中只包含单膦配体，立体效应不显著，导致产品醛的正异比较低。为了解决上述问题，采用溶剂热共聚技术，李存耀等成功制备出 Rh/CPOL-bp&p 和 Rh/CPOL-Xantphos&PPh₃ 催化剂，在丙烯和高碳烯烃氢甲酰化反应中，获得较高的反应活性及产品醛正异比，并发现 Rh 活性中心呈现单原子分散状态是其具有高活性的主要原因，而 Rh 物种与聚合物载体骨架中两种 P 物种均配位的状态，使其获得了较高的产品醛正异比[186-188]。

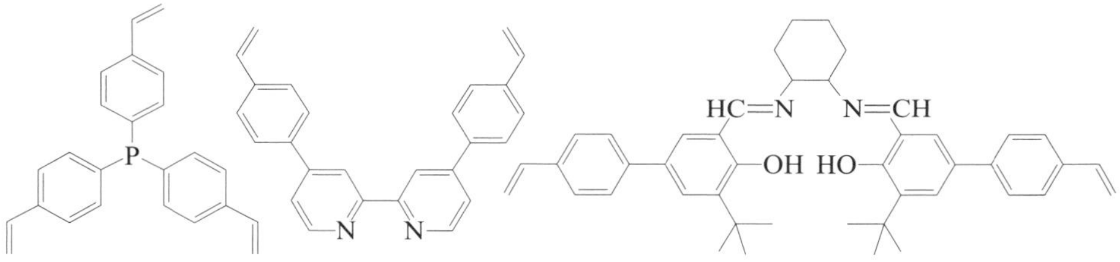

图 1.29　构建 POLs 所需的乙烯基官能团化有机配体

1.5　本书的研究目的与结构

传统意义上氢甲酰化反应是典型的均相催化反应，如何使其多相化从而有利于工业化应用，一直是人们的研究热点。近年来，针对工业上原有的均相催化体系，人们相继开发出均相催化剂固载化和两相催化这两类技术对其进行优化改进，大大降低了均相催化体系中氢甲酰化催化剂回收的难度。但是应用这些改进技术的催化体系仍存在着反应活性相对较低、产物选择性及催化剂稳定性相对较差等问题。同时，环氧化合物与 CO_2 制备环碳酸酯领域也存在着类似的问题，如工业上原有的均相催化体系催化剂分离困难及产品中存在金属污染，制备的多相催化剂反应活性相对较低，稳定性相对较差等。

为了解决上述两个重要的反应在工业化过程中面临的问题，本书的研究目标在于开发新型的固载化多相催化剂；结合 POPs 材料孔道结构丰富、热稳定性良好、构造单体单元及合成方法多样化，以及可以在分子水平上引入活性中心等优点，将膦配体、卟啉和季膦盐乙烯基官能团化，采用溶剂热聚合法将功能化活性中心定点引入聚合物骨架中，制备含 P、N 的多孔有机聚合物自负载型多相催化剂，并将其应用于氢甲酰化及 CO_2 与环氧化合物环加成这两类反应中。通过多种表征手段，探究新型含膦多孔有机聚合物自负载 Rh 基催化剂具有良好反应活性、高区域选择性和优异稳定性的原因；研究催化剂中膦配体含量对氢甲酰化反应性能的影响。结合表征技术，揭示基于金属卟啉及季膦盐官能团多孔有机聚合物的新型多相催化剂在 CO_2 与环氧化合物环加成反应中具有良好催化性能的原因。

本书共分为七章。第 1 章为文献综述，分别介绍了烯烃氢甲酰化反应和 CO_2 与环氧化合物环加成反应的研究背景、意义及目前均相和多相催化体系研究现状，并对目前较热门的有机多孔聚合物材料的合成及其在催化领域的应用做了简单的综述，提出本书的研究思路。

第 2 章为实验总述，详细介绍了实验所用原料和试剂的纯度、来源及处理方法，催化剂的制备方法，评价方法及实验中相关的表征技术。

第 3 章考察了不同种类多孔有机聚合物催化剂在 C4 烯烃氢甲酰化中的反应性能，结合多种表征技术，探究了 Rh/CPOL-BP&P 催化剂具有高催化活性、较高区域选择性和良好稳定性的原因。

第 4 章为制备新型的含膦多孔有机聚合物自负载 Rh 基催化剂 Rh/CPOL-BP&P(OPh)₃，考察其在 1-丁烯氢甲酰化反应中的催化反应性能。通过固体核磁、原位红外等多种表征手段揭示其具有较好活性及区域选择性的原因，并对催化剂上活性物种的形成和演变做了详细的探讨。

第 5 章为合成一系列不同 P(OPh)₃ 配体含量的 Rh/CPOL-PhPh₃-xP(OPh)₃ 和 Rh/CPOL-PhPh₃-xBP&(POPh)₃ 催化剂，考察了其在 1-丁烯氢甲酰化反应中的性能，结合物理吸附和原位红外等表征手段，探究 P(OPh)₃ 配体含量对 Rh/CPOL-PhPh₃-xP(OPh)₃ 和 Rh/CPOL-PhPh₃-xBP&(POPh)₃ 催化剂反应性能的影响。

第 6 章利用溶剂热聚合法合成出基于金属卟啉和季膦盐等多功能位点的新型多孔有机聚合物 Mg-por/pho@POP 催化剂，探究其在 CO_2 与环氧化合物制备环碳酸酯反应中的协同催化转化性能。

第 7 章为本书的主要结论。

第 2 章　实验总述

2.1　主要原料及试剂

表 2.1　主要原料及试剂

试剂名称	分子式	生产厂家	纯度
乙酰丙酮羰基铑	$Rh(CO)_2$	Aladdin	99%
水合三氯化铑	$RhCl_3 \cdot xH_2O$	Johnson Matthey	37.22%（质量分数）
四氢呋喃	C_4H_8O	天津科密欧化学试剂有限公司	AR
甲苯	C_6H_6	天津科密欧化学试剂有限公司	AR
二乙烯基苯	$C_{10}H_{10}$	Aladdin	80%
偶氮二异丁腈	$C_8H_{12}N_4$	Aladdin	99%
三氯化磷	PCl_3	天津科密欧化学试剂有限公司	AR
镁粉	Mg	天津基准化学试剂有限公司	AR
对溴苯乙烯	C_8H_7Br	百灵威化学试剂有限公司	96%
甲基三苯基溴化膦	$C_{19}H_{19}BrP$	上海韶远试剂有限公司	AR
叔丁醇钠	C_4H_9NaO	Aladdin	AR
4-羟基苯甲醛	$C_7H_6O_2$	TCI（上海）	98%
三乙胺	$C_6H_{15}N$	天津科密欧化学试剂有限公司	AR
1,3,5-三溴苯	$C_6H_3Br_3$	北京百灵威科技有限公司	99%
4-乙烯基苯基硼酸	$C_8H_9BO_2$	天津希恩思生化科技有限公司	97%
四（三苯基膦）钯	$C_{72}H_{60}P_4Pd$	Adamas Reagent	9.7% Pd
吡咯	C_4H_5N	天津科密欧化学试剂有限公司	AR
1-丁烯	$1-C_4H_8$	中昊光明化工研究设计院有限公司	99.9%
2-丁烯（顺反各50%）	$2-C_4H_8$	中昊光明化工研究设计院有限公司	99.9%
混合丁烯	C_4H_8	中昊光明化工研究设计院有限公司	99.9%

续表

试剂名称	分子式	生产厂家	纯度
预混合气	$C_4H_8/CO/H_2$	中昊光明化工研究设计院有限公司	99.9%
合成气	CO/H_2	中昊光明化工研究设计院有限公司	99.9%
二氧化碳	CO_2	中昊光明化工研究设计院有限公司	99.9%
氩气	Ar	中昊光明化工研究设计院有限公司	99.9%
二甲基甲酰胺	C_3H_7NO	百灵威化学试剂有限公司	99.8%
溴乙烷	C_2H_5Br	百灵威化学试剂有限公司	99%
环氧丙烷	C_3H_6O	百灵威化学试剂有限公司	99.5%
环氧氯丙烷	C_3H_5ClO	百灵威化学试剂有限公司	99%
氧化苯乙烯	C_8H_8O	百灵威化学试剂有限公司	98%
氧化环己烯	$C_6H_{10}O$	百灵威化学试剂有限公司	98%
乙醚溴化镁	$C_4H_{10}Br_2MgO$	Aladdin	99%

2.2　催化剂的制备

所有操作均在手套箱中或者用 Schlenk 技术氩气氛围保护下进行，所用溶剂均经过 Na 与二苯甲酮或 CaH_2 脱水脱氧处理。

2.2.1　溶剂的处理

四氢呋喃（THF）和甲苯的处理方法：市售 THF 和甲苯先用 4A 分子筛（500℃脱水活化）预处理过夜。在 Ar 氛围保护下，将 500 mL 分子筛预处理后的溶剂加入圆底烧瓶中，再加入一定量的钠丝，75℃或 110℃加热回流 30 min 后，加入适量二苯甲酮作指示剂。继续回流 2～3 h，待溶液变为深蓝色，升高温度至 80℃或 115℃，常压蒸馏收集 63～65℃或 110℃附近馏分，保存在有 Ar 氛围保护下的溶剂瓶中备用。

N，N-二甲基甲酰胺（DMF）的处理方法：圆底烧瓶中加入适量 CaH_2 和待蒸溶剂，在 Ar 氛围保护下充分回流以除去水和氧气后蒸馏出来，同样保存在有 Ar 氛围保护下的溶剂瓶中备用。

2.2.2　单体合成

2v-biphephos 配体是通过改进现有均相 biphephos 配体的合成步骤，引入乙烯基官能团于该配体上制备得到。具体的合成步骤可参考李存耀博士论文[189]的第二章和第四章及熊凯的硕士论文[190]。

3v-PPh$_3$[184]单体的合成在室温和 Ar 氛围保护下，向圆底烧瓶中加入 2.65 g 镁粉（109 mmol），接着在恒压滴液漏斗中加入含 19.95 g 4-溴苯乙烯（109 mmol）的无水四氢呋喃（60 mL）溶液，将上述溶液缓慢滴加至含有 Mg 粉的圆底烧瓶中，反应引发后，将所得混合物继续搅拌 1～2 h。然后，在冰水浴条件下滴加含 2.879 mL 三氯化磷（33 mmol）的无水四氢呋喃（30 mL）溶液，用薄层色谱法（TLC）监控反应进程，待反应完成后，用 50 mL 饱和氯化铵溶液淬灭。之后，用乙酸乙酯萃取混合物，合并萃取液，用无水硫酸钠干燥，过滤后旋转蒸发脱除溶剂。获得的初级产品经硅胶柱层析提纯，再用正己烷重结晶，即得白色结晶固体，命名为 3v-PPh$_3$ 单体。

3v-P(OPh)$_3$[191]单体的合成：首先需要合成 4-乙烯基苯酚：在室温和 Ar 氛围保护下，将 17.86 g 甲基三苯基溴化磷（50 mmol）、100 mL 无水 THF 及 4.805 g 叔丁醇钠（50 mmol）依次加入于圆底烧瓶中。室温搅拌 1～2 h 后，加入 3.05g 4-羟基苯甲醛（25 mmol），所得混合物继续搅拌过夜。反应完成后，用 100 mL 饱和氯化铵溶液淬灭，然后用乙醚萃取混合物，合并萃取液，用无水硫酸钠干燥，过滤后旋转蒸发脱除溶剂。粗产品用硅胶柱层析纯化，得白色结晶固体，即 4-乙烯基苯酚。

在 0℃和 Ar 氛围保护下，将 3.6 g 4-乙烯基苯酚（30 mmol）、150 mL 无水 THF 及 6.1 g 三乙胺（60 mmol）依次加入圆底烧瓶中，然后向上述溶液中缓慢滴加含 1.37 g PCl$_3$（10 mmol）的无水 THF（20 mL）。搅拌反应一段时间后，用一定量的饱和氯化铵溶液淬灭，然后用乙酸乙酯萃取混合物，合并萃取液，用无水硫酸钠干燥，过滤后旋转蒸发脱除溶剂。粗产品用硅胶柱层析纯化，即得无色油状液体，命名为 3v-P(OPh)$_3$ 单体。

3v-PhPh$_3$[192]单体的合成：在 Ar 氛围保护下，向圆底烧瓶中加入 1.00 g 1,3,5-三溴苯（3.18 mmol）、2.81 g 4-乙烯基苯基硼酸（19.1 mmol）和 2.64 g 碳酸钾（19.1 mmol），再加入 12 mL 甲苯和 2 mL 水，反应混合物经液氮冷却，抽真空，充 Ar 置换三次，再加入 0.175 g Pd(PPh$_3$)$_4$（0.191 mmol），然后加热回流 12 h，并通过 TLC 监控反应完成情况。一旦反应完成，混合物通过硅藻土过滤，浓缩，然后将其溶解于氯仿中，加入一定量的甲醇后有白灰色粉末生成，经过滤得灰白色固体，命名为 3v-PhPh$_3$ 单体。

2.2.3　Mg-TSP 和 3vP$^+$Br$^-$ 单体的合成

TSP（tetrastyrylporphyrin）的合成过程参见文献 [193]，Mg-TSP 单体

的合成步骤如下：向圆底烧瓶加入 1.15 g TSP（1.6 mmol）和 80 mL CH₂Cl₂，再加入 4.5 mL 三乙胺（3.2 mmol）和 4.13 g 乙醚溴化镁（16 mmol）。在室温下搅拌 15 min 后，通过 TLC 监测是否有金属化的 TSP 单体生成。反应完成后，反应液用 250 mL CH₂Cl₂ 稀释，经 5% NaHCO₃ 洗涤，再用无水硫酸钠干燥，滤液浓缩，粗产品经氧化铝柱层析进行分离得 Mg-TSP 单体。

3vP⁺Br⁻ 是用 3v-PPh₃ 与 C₂H₅Br 在高压釜中通过搅拌合成[194]，具体合成过程：在手套箱中，将 1.36 g 3vPPh₃（4 mmol）和 5.23 g C₂H₅Br（48 mmol）放入 30 mL 带有磁力搅拌的高压釜中，并且快速地将釜密封好。高压釜随即被加热到 60℃，磁力搅拌 48 h。然后将釜冷却至室温，用布氏漏斗将产品抽滤分离，产品用 THF 清洗 2～3 次，得到的白色固体在 65℃下真空干燥 5 h，最终得到季鏻盐产品 3vP⁺Br⁻。

2.2.4 聚合物合成

CPOL-BP&P（OPh）₃ 聚合物是利用 3v-P（OPh）₃ 和 2v-biphephos 单体在高压釜中采用溶剂热聚合法合成，具体合成步骤为：在手套箱中，1.0 g 3v-P（OPh）₃ 和 0.1 g 2v-biphephos 配体放入带有聚四氟乙烯内衬的 30 ml 高压釜中，加入 10 mL 无水 THF 充分溶解，搅拌均匀后加入 25 mg 引发剂偶氮二异丁腈（AIBN），继续搅拌 10 min，将釜密封好，并将其转移至 100℃烘箱里静置 24 h。冷却至室温后，在 65℃真空条件下抽除溶剂 THF，得到白色固体，产率接近 100%，命名为 CPOL-BP&P（OPh）₃。同样地，利用溶剂热聚合法可制得 CPOL-BP&P、CPOL-BP&Ph、CPOL-BP&DVB、POL-PPh₃、POL-PhPh₃ 和 POL-P（OPh）₃ 聚合物。

2.2.5 CPOL-PhPh₃-xP（OPh）₃ 和 CPOL-PhPh₃-BP&xP（OPh）₃ 聚合物的合成

CPOL-PhPh₃-xP（OPh）₃ 和 CPOL-PhPh₃-BP&xP（OPh）₃ 聚合物是通过改变聚合物中—P(OPh)₃ 基团的浓度，采用溶剂热聚合方式合成的。x 代表每克聚合物中，—P(OPh)₃ 基团的摩尔数。例如，CPOL-PPh₃-0.5P（OPh）₃ 聚合物的合成步骤为：在手套箱中，将 0.2 g 3v-P（OPh）₃ 和 0.8 g 3v−PhPh₃ 单体放入带有聚四氟乙烯内衬的 30 mL 高压釜中，加入 10 mL 无水 THF 充分溶解，搅拌均匀后加入 25 mg 引发剂 AIBN，再搅拌 10 min，将釜密封好，并将其转移至 100℃烘箱里静置 24 h。冷却至室温后，在 65℃真空条件下抽除溶剂 THF，得到白粉红色块状固体，产率接近 100%，命名为 CPOL-

$PhPh_3$-0.5$P(OPh)_3$。

　　类似地，0.4 g 3v-$P(OPh)_3$ 和 0.6 g 3v-$PhPh_3$ 单体在高压釜中 Ar 氛围保护下聚合 24 h 可得 CPOL-$PhPh_3$-1.0$P(OPh)_3$ 聚合物；0.6 g 3v-$P(OPh)_3$ 和 0.4 g 3v-$PhPh_3$ 单体在高压釜中 Ar 氛围保护下聚合 24 h 可得 CPOL-$PhPh_3$-1.5$P(OPh)_3$ 聚合物；0.8 g 3v-$P(OPh)_3$ 和 0.2 g 3v-$PhPh_3$ 单体在高压釜中 Ar 氛围保护下聚合 24 h 可得 CPOL-$PhPh_3$-2.0$P(OPh)_3$ 聚合物；0.2 g 3v-$P(OPh)_3$、0.8 g 3v-$PhPh_3$ 和 0.1 g 2v-biphephos 单体在高压釜中 Ar 氛围保护下聚合 24 h 可得 CPOL-$PhPh_3$-BP&0.5$P(OPh)_3$ 聚合物；0.4 g 3v-$P(OPh)_3$、0.6 g 3v-$PhPh_3$ 和 0.1 g 2v-biphephos 单体在高压釜中 Ar 氛围保护下聚合 24 h 可得 CPOL-$PhPh_3$-BP&0.9$P(OPh)_3$ 聚合物；0.6 g 3v-$P(OPh)_3$、0.4 g 3v-$PhPh_3$ 和 0.1 g 2v-biphephos 单体在高压釜中 Ar 氛围保护下聚合 24 h 可得 CPOL-$PhPh_3$-BP&1.4$P(OPh)_3$ 聚合物；0.8 g 3v-$P(OPh)_3$、0.2 g 3v-$PhPh_3$ 和 0.1 g 2v-biphephos 单体在高压釜中 Ar 氛围保护下聚合 24 h 可得 CPOL-$PhPh_3$-BP&1.9$P(OPh)_3$聚合物。

2.2.6　催化剂合成

　　Rh/CPOL-BP&P 及 Rh/CPOL-BP&$P(OPh)_3$ 催化剂是通过浸渍法制备，具体步骤为：在 Ar 氛围保护下，将一定质量的 $Rh(CO)_2(acac)$ 溶于 20 mL 无水 THF 中，搅拌均匀后，加入合成的 CPOL-BP&$P(OPh)_3$ 聚合物 1.0 g，在室温下搅拌 24 h，所得混合物用布氏漏斗过滤，固体用 THF 洗涤 3 次，然后收集固体，在 65℃真空条件下抽除溶剂 THF，得到浅黄白色固体，命名为 Rh/CPOL-BP&$P(OPh)_3$ 催化剂。同样地，利用浸渍法可制备 Rh/CPOL-BP&P、Rh/CPOL-BP&Ph、Rh/CPOL-BP&DVB、Rh/POL-PPh_3、Rh/POL-$PhPh_3$、Rh/POL-$P(OPh)_3$、Rh/CPOL-$PhPh_3$-$x$$P(OPh)_3$ 及 Rh/CPOL-$PhPh_3$-BP&$x$$P(OPh)_3$ 催化剂。

2.2.7　Mg-por/pho@POP 催化剂的合成

　　Mg-por/pho@POP 催化剂是通过溶剂热聚合方式在高压釜中合成。例如，在手套箱中，将 0.74 g Mg-TSP（1 mmol）和 4.49 g 3vP^+Br^-（10 mmol）放入带有聚四氟乙烯内衬的 50 mL 高压釜中，加入 30 mL 无水 N,N-二甲基甲酰胺（DMF）充分溶解后加入 523 mg 引发剂 AIBN，将釜密封好，并将其转移至 200℃烘箱里静置 72 h。冷却至室温后，在 100℃真空条件下抽除溶剂 DMF，得到紫褐色固体，产率接近 100%，命名为 Mg-por/pho@POP 聚合物。同样地，利用溶剂热聚合法可得 POL-P$^+$Br$^-$ 聚合物。

2.3 催化剂反应评价及分析方法的建立

C4 烯烃氢甲酰化反应是在本书研究小组搭建的固定床微型反应器上进行的（简易流程见图 2.1）。反应器为内径 4.6 mm 的不锈钢列管式反应器。催化剂装填量为 0.1 g（0.4～0.5 mL），放置于反应器中部，上下两端填充石英砂作为载体。C4 烯烃储存于装有液相管的钢瓶中，通过高压泵引入反应器中，同时利用精密电子天平计量反应过程中丁烯的进料量。合成气通过调压阀控制好压力，质量流量计控制好流速后，通入反应器经过催化剂床层。从反应器出来的产品通过冷罐进行捕集。尾气采用归一化法通过 Aglient 3000A Micro 气相色谱仪在线分析（配有分子筛、Plot Q、Al$_2$O$_3$ 和 QV-1 四通柱，TCD 为检测器），吸收罐中的产品醛放入常压罐中，用取样瓶进行离线分析。加入乙醇为内标，采用内标法，在配有 HP-FFAP 毛细管柱（$L \times$ I. D.：30 m$\times$0.3 mm）、FID 为检测器的 Aglient 6890A 气相色谱仪上进行分析。气相色谱仪事先用已知质量的底物、产品及内标纯品进行校正。

具体参数设置为：柱箱温度 40℃保持 3 min，以 10℃/min 升温至 240℃，保留 5 min，使用 He 作为载气。

柱前压维持在 0.037 MPa，气体分流比设定为 30：1。进样口温度维持在 250℃，0.037 MPa，此外 FID 检测器温度保持在 250℃，H$_2$ 和空气流速分别维持在 30 mL/min 和 300 mL/min。

C4 烯烃的转化率及产物的选择性可采用如下公式计算：

$$\text{转化频率（TOF）} = \frac{\text{生成醛的摩尔数}}{\text{金属 Rh 的摩尔数} \times \text{反应时间}}$$

$$\text{烯烃转化率} = \frac{\text{生成醛的摩尔数} + \text{生成烷烃的摩尔数} + \text{生成异构烯烃的摩尔数}}{\text{反应前烯烃的摩尔数}} \times 100\%$$

$$\text{醛的化学选择性} = \frac{\text{生成醛的摩尔数}}{\text{生成醛的摩尔数} + \text{生成烷烃的摩尔数} + \text{生成异构烷烃的摩尔数}} \times 100\%$$

$$\text{醛的正异比} = \frac{\text{生成直链醛的摩尔数}}{\text{生成支链醛的摩尔数}}$$

环氧化合物与 CO$_2$ 制备环碳酸酯的反应在 25 mL 的高压釜中进行。将反应物环氧丙烷、Mg-por/pho@POP 催化剂，加入反应釜中，原料环氧化合物和催化剂的物质的量之比为 20000：1。用 CO$_2$ 置换釜内气体 6 次，用调压阀将压力设定为 3 MPa 作为初始反应压力。然后，将高压釜放置于油浴锅内，加热搅拌升温至 120℃反应 1 h。反应结束后将釜用水冷至室温，开釜缓慢释放釜内压力，催化剂通过过滤或离心方法分离。加入内标后，反应液在配备 HP−5 毛细管柱、氢离子火焰检测器（FID）的 Aglient 7890A 气相色谱仪上进行分析。具体分析方法详见相关章节内的说明。

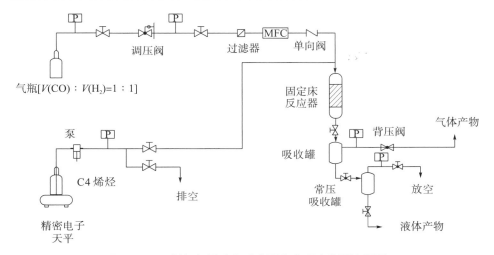

图 2.1　C4 烯烃氢甲酰化反应固定床反应装置流程图

2.4　催化剂的表征

2.4.1　N_2 物理吸附

样品的织构参数测定是在康塔（Quantachrome）公司的 Autosorb−1 物理化学吸附仪上进行。测试前将约 30 mg 样品装于内径 9 mm 的玻璃管中，小心地称量，之后在 120℃温度下脱气预处理 12 h，记录脱气后样品加玻璃管的质量，在液氮温度下进行 N_2 吸附和脱附等温线的测定，测试点的选取采用康塔公司经典的测试微孔性质的选点方法。选取相对压力在 0.05～0.30 的吸附点，采用 Brunauer-Emmett-Teller（BET）方法计算样品的比表面积；使用相对压力 P/P_0 为 0.995 时的 N_2 吸附量计算材料的总孔容；孔径分布采用 NLDFT（non-local density functional theory）方法中的 slit pore 模型进行计算。

2.4.2　X 射线衍射（XRD）

样品的 X 射线衍射（XRD）测定在 PANalytical 公司的 X'pert PRO 型 X 射线衍射仪上进行。Cu K_α 为（$\lambda = 0.154056$ nm）辐射源，管压 40 kV，管流 40 mA，扫描速度为 $10°/\text{min}$，扫描范围 $2\theta = 5° \sim 90°$。

2.4.3　透射电子显微镜（TEM）

样品的透射电子显微镜（TEM）图像是在日本 JEOL 公司的 JEM-2100 透射电子显微镜上进行，加速电压为 200 kV，图像点分辨率为 0.23 nm，线分辨率为 0.14 nm。制样时，将样品充分磨细，放入乙醇中超声分散后滴到高透光率的 Cu 网上，后用红外灯烤干后在透射电子显微镜上观测。

2.4.4　扫描电子显微镜（SEM）

样品的扫描电子显微镜（SEM）图像是在日本 JEOL 公司的 JSM-7800F 扫描电子显微镜上进行，加速电压为 $0.01 \sim 30$ kV。制样时，将样品充分磨细，放入乙醇中超声分散后滴到 Cu 网上，后用红外灯烤干。

2.4.5　高角环形暗场扫描透射电子显微镜（HAADF-STEM）

样品的高角环形暗场扫描透射电子显微镜（HAADF-STEM）图像测定在日本 JEOL 公司的 JEM-ARM200F 上进行，加速电压 200 kV，分辨率 0.08 nm，样品的制样方式同扫描电镜。

2.4.6　热重（TG）

样品的热稳定性能是在 NETZSCH STA 449F3 型热分析仪上进行测试的，样品用量大约是 $5 \sim 10$ mg。在 N_2 氛围保护下，将一定量的样品以 10 K/min 的升温速率从 313 K 加热至 1123 K，记录随着时间推移样品质量随温度的变化情况。天平室保护气（N_2）和载气（N_2）流速均设定为 20 mL/min。

2.4.7　X 射线光电子能谱（XPS）

样品的 X 射线光电子能谱（XPS）测试在英国公司的 ThermoScientific ESCALAB 250Xi 仪器上完成。用 Al K_α 线（1486.6 eV）为激发源。测试时真空度为 1×10^{-8} Pa，扫描步速选为 0.10 eV。选用 C 1s（284.6 eV）作为校正基准。

2.4.8　液体核磁共振（NMR）

样品的^{31}P、^{1}H 和 ^{13}C 液体核磁共振（NMR）谱图是在 Bruker AVANCE Ⅲ NMR 仪器上采集的，采集时振动频率分别选为 161.8 MHz、400 MHz 和 100 MHz，测试时选取氘代氯仿（CDCl$_3$）作为溶剂。

2.4.9　^{13}C 固体魔角旋转核磁共振（Solid ^{13}C MAS NMR）

样品的^{13}C 固体核磁（Solid ^{13}C MAS NMR）实验是在 VARIAN 公司的 Infinityplus 型核磁共振波谱仪上进行的，弛豫延迟时间 3.0 s，使用 2.5 mm ZrO$_2$ 样品管，样品填装量大概 30 mg，测试时转速选为 6 kHz。

2.4.10　^{31}P 和 ^{1}H 固体魔角旋转核磁共振（Solid ^{31}P 和 ^{1}H MAS NMR）

部分样品的^{31}P 固体核磁（^{31}P MAS NMR）实验是在 VARIAN 公司的 Infinityplus 型核磁共振波谱仪上进行的，弛豫延迟时间 3.0 s，使用 2.5 mm ZrO$_2$ 样品管，样品填装量大概 30 mg，振动频率 161.8 MHz，转动频率为 10 kHz，以 85% H$_3$PO$_4$ 为化学位移的参考外标。

另外一部分样品的^{31}P 固体核磁实验（^{31}P MAS NMR）在 Bruker AVANCE Ⅲ 600 MHz NMR 仪器上进行，3.2 mm ZrO$_2$ 样品管，振动频率 242.9 MHz，转动频率为 20 kHz，弛豫延迟时间 3.0 s，以固体粉末 (NH$_4$)$_2$HPO$_4$（$\delta_{iso}=1.13\times10^{-6}$）为化学位移的参考外标。

样品的^{1}H 固体核磁实验（^{1}H MAS NMR）也是在 Bruker AVANCE Ⅲ 600 MHz NMR 仪器上进行，3.2 mm ZrO$_2$ 样品管，振动频率为 600 MHz，转动频率 20 kHz，弛豫延迟时间 3.0 s，以金刚烷（$\delta_{iso}=1.74\times10^{-6}$）为化学位移的参考外标。

准原位^{31}P 和 ^{1}H 固体核磁实验具体操作如下：将催化剂放置于两端可密封的玻璃管中，用合成气 [V(CO) ：V(H$_2$) = 1：1] 及预混合气 [V(1-C$_4$H$_8$)：V(CO) ：V(H$_2$) =3：4：4]，80℃常压下处理 1 h，之后关闭活塞，将其转移至手套箱中，然后将催化剂装入 ZrO$_2$ 样品管中，以进行 NMR 测试。

2.4.11　傅里叶变换红外（FTIR）

样品的傅里叶变换红外光谱（FTIR）测定在 Thermo Scientific 公司的

iS50 傅里叶红外变换光谱仪上进行，分辨率为 4.0 cm^{-1}，32 次扫描累加，扫描范围 4000～400 cm^{-1}，样品与 KBr 的质量比为 1：100。

2.4.12 原位傅里叶变换红外 （in situ FTIR）

原位红外光谱表征在配有高温高压透射红外池（HTHP cell，Specas）的 Thermo Scientific 公司的 iS50 傅里叶红外变换光谱仪上进行（原位红外装置如图 2.2）。分辨率为 4 cm^{-1}，扫描次数为 32 次，扫描范围为 4000～400 cm^{-1}。使用 DTGS 或者 MCT/A 为检测器，选用 ZnSe 窗口。

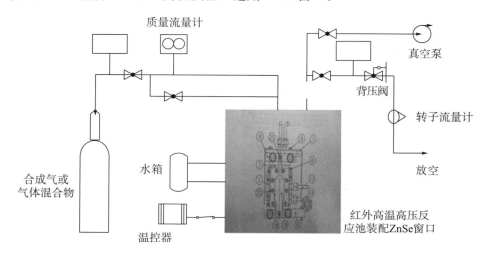

图 2.2　原位红外装置示意图

Rh/CPOL-BP&P（OPh）$_3$ 催化剂的具体测试步骤：取约 10 mg 催化剂样品压成直径为 13 mm 的自撑片，将其放置于透射红外池以后，抽真空充氮气置换三次，然后在氮气氛围保护下将原位池体温度升至 80℃，稳定 1 h，此时采集背景谱图，通入合成气 [V（CO）：V（H$_2$）＝1：1，0.1 MPa] 或预混合气 [V(1-C$_4$H$_8$)：V（CO）：V（H$_2$）＝3：4：4，0.1 MPa 或 0.3 MPa] 吸附 30 min 后，通入氮气吹扫一段时间，再抽真空一定时间，在氮气吹扫及抽真空过程中，每隔 2 min 采集一次数据。

Rh/CPOL-BP&P、Rh/CPOL-BP&Ph、Rh/POL-PPh$_3$、Rh/CPOL-PhPh$_3$-xP(OPh)$_3$ 及 Rh/CPOL-PhPh$_3$-BP&xP(OPh)$_3$ 催化剂的具体测试步骤：取约 10 mg 催化剂样品压成直径 13 mm 的自撑片，将其放置于透射红外池以后，抽真空充氮气置换三次，然后在氮气氛围保护下将原位池体温度升至 80℃，稳定 1 h，此时采集背景谱图，通入合成气 [V（CO）：V（H$_2$）＝1：1，

0.1 MPa〕吸附 30 min 后，通入氮气吹扫 60 min 后，采集样品谱图。

2.4.13 电感耦合等离子体原子发射光谱（ICP-OES）

样品的电感耦合等离子体原子发射吸收光谱（ICP-OES）是在 PerkinElmer apparatus Optima 7300 DV 仪器上完成的。液体样品测试时将有机溶剂蒸干，并用去离子水稀释到一定体积，用 ICP-MS（质谱作为检测器）模式测定。对于固体样品，称取一定量样品，用王水和双氧水在 Anton Paar Multiwave 3000 型微波消解仪上进行充分消解，稀释到一定体积后用 ICP-OES 模式进行测定。

2.4.14 元素分析（Elemental Analysis）

样品的元素分析是在 EMGA－930 ONH 和 EMIA－8100 CS 仪器上完成的，采用氧化燃烧法进行测定。

第 3 章　Rh/CPOL-BP&P 催化剂在 C4 烯烃氢甲酰化反应中的应用

氢甲酰化反应是均相催化工业中应用最成功的反应。近年来，选用便宜的混合 C4 烯烃代替较昂贵的端烯烃作原料以及开发新的氢甲酰化工艺用于新型环境友好型增塑剂的生产成为发展的主要趋势。而选用 C4 烯烃为原料，面临的主要问题是混合烯烃中 2-丁烯的异构化-氢甲酰化串联反应活性低且区域选择性较差。目前，在均相催化体系中，已有大量的具有显著立体位阻及电子效应的双齿及多齿膦配体体系被用于内烯烃异构化-氢甲酰化串联反应中，并获得很好的反应效果，如 Biphephos、Xantphos、Naphos 等膦配体。但是均相催化剂所面临的难以循环使用的问题一直制约着其发展，所以人们从均相催化剂固载化和两相催化两大方面分别对原有的 Rh/双齿膦配体催化体系进行了不断的优化改进，大大降低了氢甲酰化催化剂回收的难度。不幸的是，这些体系仍存在着较大的问题，如催化剂在多相化过程中活性下降明显，制备的催化剂区域选择性及稳定性较差，操作工艺较为复杂等各种问题。

为了解决上述问题，多孔有机聚合物（POPs）作为近年来由纯粹的有机分子砌块通过共价键连接而成的一类具有高比表面积、丰富孔道结构和良好热稳定性的新型材料，受到研究人员的广泛关注。笔者研究团队在 POPs 材料的合成及其催化应用方面开展了大量的研究工作，如姜淼博士合成出具有高比表面积和多级孔道结构的含膦多孔有机聚合物及其自负载的 Rh/POL-PPh$_3$ 催化剂，并将其成功应用于固定床的氢甲酰化反应，研究发现单原子分散的 Rh 活性中心及多重 Rh—P 配位键的存在，是其具有高活性和稳定性的主要原因。但是由于该催化剂中只包含单膦配体，立体效应不显著，获得的产品醛正异比较低。为了提高产品醛的正异比，李存耀博士成功合成出乙烯基官能团化的双齿 Biphephos 配体（2v-biphephos），利用其较大的空间位阻及较好的 π-受体效应与 3v-PPh$_3$ 单体，通过溶剂热聚合，制备出具有高比表面积、多级孔道结构的多孔有机聚合物材料，自负载金属 Rh 后得到多相催化剂 Rh/CPOL-BP&P，将其应用于丙烯氢甲酰化反应中，获得较高的催化活性、区域选择性及良好的稳定性。

在 Rh/CPOL-BP&P 催化剂中，聚合物骨架中单膦与双膦配体对催化性能的贡献和作用有待进一步探究。在本章中，我们选用非常有研究价值的 C4 烯烃为原料，以 Rh/POL-PPh₃ 及新的 Rh/POL-PhPh₃ 催化剂为对比，考察上述多孔有机聚合物催化剂在 C4 烯烃氢甲酰化反应中的催化性能。结合多种表征技术，深入研究在 Rh/CPOL-BP&P 催化剂中，单膦与双膦配体对催化性能的贡献和作用，为以后氢甲酰化反应催化剂的设计合成提供指导。

3.1　Rh/CPOL-BP&P 等催化剂的制备

所有操作均是 Ar 氛围保护下在手套箱或 Schlenk 装置上进行的。所有试剂均经过 Na 和 CaH₂ 回流脱水和 Ar 氛围保护脱氧处理。

3v-PPh₃、[184] 2v-biphephos[186] 和 1，3，5-(4-乙烯基苯) 基苯 (3v-PhPh₃)[192] 单体是根据文献报道的步骤合成。图 3.1 给出了本章聚合所用乙烯基功能化单体的化学结构。POL-PPh₃、CPOL-BP&P 及具有不同 biphephos、PPh₃ 质量比的聚合物材料是根据文献合成。图 3.2 给出了本章中重点研究的几种聚合物的合成路线示意图。

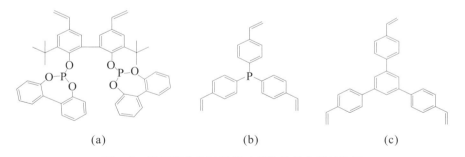

(a)　　　　　　　　　(b)　　　　　　　　(c)

图 3.1　用于聚合的乙烯基功能化单体化学结构图

CPOL-BP&Ph 聚合物的制备：在手套箱中，1.0 g 3v-PhPh₃ 和 0.1g 2v-biphephos配体放入带有聚四氟乙烯内衬的 30 ml 高压釜中，加入 10 mL 无水 THF 充分溶解，搅拌均匀后加入 25 mg 引发剂 AIBN，再搅拌 10 min，将釜密封好，并将其转移至 100℃烘箱里静置 24 h。冷却至室温后，在 65℃真空下抽除溶剂 THF，得到粉色块状固体，产率接近 100%，命名为 CPOL-BP&Ph。

POL-PhPh₃ 聚合物的制备：在手套箱中，1.0 g 3v-PhPh₃ 单体放入带有聚四氟乙烯内衬的 30 mL 高压釜中，加入 10 mL 无水 THF 充分溶解，搅拌均匀后加入 25 mg 引发剂 AIBN，再搅拌 10 min，将釜密封好，并将其转移至 100℃ 烘箱里静置 24 h。冷却至室温后，在 65℃ 真空下抽除溶剂 THF，得到粉色块状固体，产率接近 100%，命名为 POL-PhPh₃。

Rh/CPOL-BP&P 催化剂的制备：Ar 氛围保护下，3.1 mg Rh(CO)₂(acac)（0.012 mmol）溶于 20 ml 无水 THF 中，搅拌均匀后，加入 1.0 g CPOL-BP&P 聚合物，室温下搅拌 24 h，用布氏漏斗过滤催化剂，并用 THF 洗涤固体三次，在 65℃ 真空下抽除溶剂 THF，得到黄白色固体，命名为 Rh/CPOL-BP&P 催化剂。同样地，Rh/CPOL-BP&Ph、Rh/POL-PPh₃ 及 Rh/POL-PPh₃ 催化剂通过浸渍法获得。催化剂中金属 Rh 负载量通过电感耦合等离子体原子发射吸收光谱（ICP-OES）进行测试。

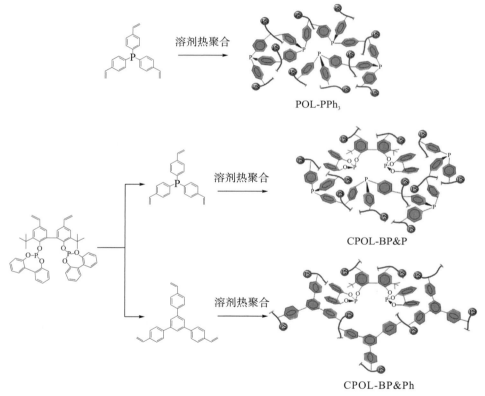

图 3.2　POL-PPh₃，CPOL-BP&P 和 CPOL-BP&Ph 聚合物合成路线示意

3.2　Rh/CPOL-BP&P 等催化剂的 C4 烯烃氢甲酰化反应性能

C4 烯烃氢甲酰化反应是在本研究组搭建的固定床微型反应器上进行的。反应器是内径为 4.6 mm 的不锈钢列管式反应器。催化剂装填量为 0.1 g（0.4~0.5 mL），放置于反应器中部，上下两端填充石英砂作为载体。C4 烯烃储存于装有液相管的钢瓶中，通过高压泵引入反应器中，同时利用精密电子天平计量反应过程中丁烯的进料量。合成气通过调压阀控制好压力，质量流量计控制好流速后从反应器上经过催化剂床层。从反应器出来的产品通过冷罐进行捕集。尾气采用归一化法在 Aglient 3000A Micro 气相色谱仪进行在线分析（配有分子筛、Plot Q、Al_2O_3 和 QV-1 四通柱，TCD 为检测器），吸收罐中的产品醛放入常压罐中，用取样瓶进行离线分析。加入乙醇为内标，采用内标法，在配有 HP-FFAP 毛细管柱（$L \times$ I. D.：30 m$\times$0. 3 mm）、FID 为检测器的 Aglient 6890A 气相色谱仪上进行分析。气相色谱仪事先用已知质量的底物、内标及产品纯品进行校正。

3.2.1　Rh/POPs 催化剂 1-丁烯氢甲酰化反应结果

首先，我们探究了不同 Rh/POPs 催化剂在 1-丁烯氢甲酰化反应中的催化性能，结果见表 3.1。在 80℃，2 MPa 条件下，反应 24 h 后，在 Rh/CPOL-BP&P 催化剂上，戊醛的 TOF 值、区域选择性及化学选择性分别为 11200 h^{-1}、62. 2 和 94. 2%。这些值远高于 Rh/POL-PPh₃ 和 Rh/CPOL-BP&Ph 催化剂。值得一提的是，在 Rh/POL-PPh₃ 和 Rh/CPOL-BP&Ph 催化剂中仅含有一种膦物种。而 2v-biphephos 配体由于其较大的空间位阻，想要得到自聚产物是非常难的。因此，我们选取与 3v-PPh₃［图 3. 1（b）］结构类似的单体1,3,5-三(4-乙烯基苯)基苯［3v-PhPh₃，图 3. 1（c）］作为交联剂与 2v-biphephos 配体共聚。为了检测 Rh/CPOL-BP&Ph 催化剂中交联剂 3v-PhPh₃ 对催化性能的贡献是否起决定性作用，我们又合成了 3v-PhPh₃ 单体自聚的多孔有机聚合物自负载 Rh 基催化剂，命名为 Rh/POL-PhPh₃。显然，Rh/POL-PhPh₃ 催化剂在 1-丁烯氢甲酰化反应中的催化性能很差，这表明在 Rh/CPOL-BP&Ph 催化剂中，3v-PhPh₃ 单体对催化性能的贡献和作用是微不足道的。通过以上比较，结果证实既有双膦又有单膦配体组分的 Rh/CPOL-BP&P 催化剂在 1-丁烯氢甲酰化反应中获得最优的活性、醛的区域选择性及化学选择性，这可能是由于在 Rh/CPOL-BP&P 催化剂中，聚合物骨架中的 biphephos 和 PPh₃ 基团与 Rh 物种的协同效应导致的。也就是说，具有合适空间位阻的 biphephos 基团对高的区域选择性贡献比较大，而高浓度的 PPh₃ 基团不仅仅作为共配体与金属配位，而且也作为生成戊醛的结构导向剂。

$$\text{—} \xrightarrow[\text{Rh/POPs}]{\text{CO/H}_2} \text{—}\text{CHO} (\text{Main}) + \text{—}\text{CHO}$$

表 3.1　不同种类 Rh/POPs 催化剂 1-丁烯氢甲酰化反应性能评价

催化剂	转化率/%	TOF 值/h⁻¹	正异比	产物选择性/%		
				戊醛	2-丁烯	丁烷
Rh/POL-PPh₃	1.53	490	5.1	81.4	2.3	16.3
Rh/CPOL-BP&P	26.0	11200	62.2	94.2	3.6	2.2
Rh/CPOL-BP&Ph	15.1	5754	44.2	75.9	19.3	4.8
Rh/POL-PhPh₃	0.64	36	4.9	13.7	—	86.3

注：反应条件为 0.10 g 催化剂，运行时间 24 h，压力 2 MPa [$V(CO):V(H_2)=1:1$]，温度=80℃，Rh 担载量 0.125%（质量分数），气时空速 8000 h⁻¹，1-丁烯质量流量 3.2 g/h。

其次，我们探究了不同 biphephos、PPh₃ 质量比例的 Rh/CPOL-BP&P 催化剂在 1-丁烯氢甲酰化反应中的催化性能，如图 3.3 所示。随着 biphephos、PPh₃ 的质量比例从 0.05 增加到 0.3，戊醛的 TOF 值也从 8250 h⁻¹ 增加到 14130 h⁻¹，与此同时，戊醛正异比也分别从 52.9（Rh/CPOL-0.5BP&10P）增加到 62.2（Rh/CPOL-2BP&10P）和 63.7（Rh/CPOL-3BP&10P）。这些结果可能归因于随着 biphephos 基团浓度的变化引起了聚合物骨架中电子及空间环境的改变。由于 biphephos 配体合成过程较为烦琐且成本昂贵，所以我们选择 Rh/CPOL-1BP&10P 催化剂，简单命名为 Rh/CPOL-BP&P 进行接下来的研究。

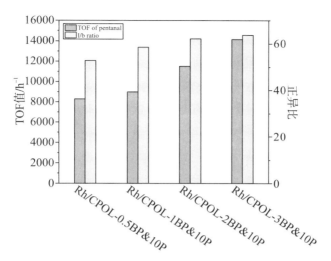

图 3.3　不同质量比例 biphephos、PPh₃ 的 Rh/CPOL－BP&P 催化剂上
1-丁烯氢甲酰化反应结果

注：反应条件为 0.10 g 催化剂，运行时间 12 h，压力 2 MPa $[V(CO) ：V(H_2) = 1：1]$，温度 80℃，Rh 担载量 0.125％（质量分数），气时空速 8000 h^{-1}，1-丁烯质量流量 3.2 g/h。

最后，我们也评价了在 80℃，2 MPa 的反应条件下，Rh/CPOL-BP&P 及 Rh/CPOL-BP&Ph 催化剂在 1-丁烯氢甲酰化反应中的稳定性能。如图 3.4 所示，在 100 h 反应时间段内，使用 Rh/CPOL-BP&P 催化剂，戊醛的 TOF 值先升高后下降，而对于 Rh/CPOL-BP&Ph 催化剂，戊醛的 TOF 值在 5600～4000 h^{-1} 范围内波动，这可归因于两种催化剂的诱导期，在此期间，金属 Rh 物种与聚合物骨架中的膦配体寻求最佳的配位状态。另外，Rh/CPOL-BP&P 催化剂的初始活性远高于 Rh/CPOL-BP&Ph 催化剂。在 100～300 h 时间段内，使用 Rh/CPOL-BP&P 催化剂时，戊醛的 TOF 值一直维持在 5400 h^{-1} 左右；而使用 Rh/CPOL-BP&Ph 催化剂，戊醛的 TOF 值比较低，维持在 2500 h^{-1} 左右。在该时间段内，Rh/CPOL-BP&P 催化剂的戊醛正异比一直大于 61 且基本保持不变，有趣的是，Rh/CPOL-BP&Ph 催化剂的戊醛正异比一直在缓慢下降（从 45 降到 18）。通过 ICP-OES 测试发现，反应前后，Rh/CPOL-BP&P 催化剂的金属负载量分别为 0.1288％和 0.1202％（质量分数），而 Rh/CPOL-BP&Ph 催化剂金属负载量分别为 0.1338％ 和 0.0387％（质量分数）。值得一提的是，Rh/CPOL-BP&P 催化剂在连续进行 1000 h 后，戊醛的 TOF 值仍能维持在 1000 h^{-1} 左右，尽管其初活性在 10000 h^{-1} 以上，在 200 h 后

TOF 值基本保持稳定（图 3.5）。以上实验结果证明了 Rh/CPOL-BP&P 催化剂获得高活性、高区域选择性及良好稳定性，这可能是因为聚合物骨架中 biphephos 和 PPh$_3$ 配体与 Rh 物种的协同配位作用，即聚合物骨架中大空间位阻的 biphephos 配体有利于获得高区域选择性；而高浓度的 PPh$_3$ & biphephos 配体协同与 Rh 形成的独特配位键有利于获得高的活性及良好的稳定性。而 Rh/CPOL-BP&Ph 催化剂，因聚合物骨架中膦浓度太低，导致其醛正异比的不稳定性。

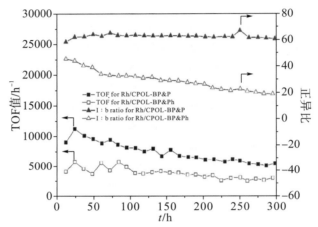

图 3.4 Rh/CPOL－BP&P 及 Rh/CPOL－BP&Ph 催化剂上
1－丁烯氢甲酰化稳定性能测试比较

注：反应条件为 0.10 g 催化剂，运行时间 12 h，压力 2 MPa [V(CO)：V(H$_2$) = 1:1]，温度 80℃，Rh 担载量 0.125%（质量分数），气时空速 8000 h^{-1}，1-丁烯质量流量 3.2 g/h。

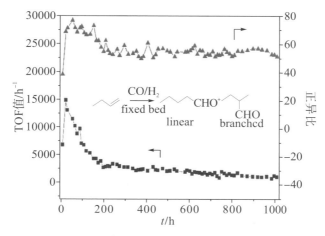

图 3.5　Rh/CPOL-BP&P 催化剂上 1-丁烯氢甲酰化稳定性能评价

注：反应条件为 0.10 g 催化剂，运行时间 12 h，压力 2 MPa [$V(CO) : V(H_2) = 1 : 1$]，温度 80℃，Rh 担载量 0.125%（质量分数），气时空速 8000 h^{-1}，1-丁烯质量流量 3.6 g/h。

3.2.2　Rh/CPOL–BP&P 催化剂 2-丁烯及混合碳四烯烃氢甲酰化反应结果

前面已经提到，工业上内烯烃原料如 raffinate Ⅰ－Ⅲ（丁烯异构体混合物）或者 C8 烯烃异构体混合物比端烯烃更加廉价易得，所以通过内烯烃异构化-氢甲酰化反应制备价值较高的正构醛产品具有非常重要的现实意义。如图 3.6 所示，内烯烃如果直接发生氢甲酰化反应（路线 b），生成的都是非理想产物支链醛。而若想从内烯烃出发制备直链醛产品，必须先将内烯烃异构化为端烯烃（路线 a），再发生氢甲酰化反应（路线 c）[41]。所以要想得到较高的产品醛正异比，就需要催化体系必须具备优异的烯烃异构化性能及较高的氢甲酰化反应活性且异构化必须快于氢甲酰化。

从表 3.1 的数据可以看出，Rh/CPOL-BP&P 催化剂的催化活性非常高，活性中心金属 Rh 周围具有较大的空间位阻，戊醛的区域选择性较高，而这些性能是内烯烃异构化氢甲酰化获得正构醛必备的条件。因此，受此启发，我们探究了 Rh/CPOL-BP&P 催化剂上 2-丁烯及混合 C4 烯烃的氢甲酰化反应性能，结果见表 3.2。从表 3.2 可知，无论是 1-丁烯、2-丁烯还是两者的混合物，都获得了非常高的戊醛正异比。目前，文献报道中使用 C4 烯烃原料如 Raffinate Ⅱ 为底物时，戊醛的正异比仅为 19[17]。此外，当我们选用混合 C4

烯烃为原料时也获得了比较高的 TOF 值。然而，2-丁烯的氢甲酰化反应活性仍有待进一步提升。因此，我们认为 Rh/CPOL-BP&P 催化剂在调控活性及区域选择性方面，具有很好的工业化应用前景。

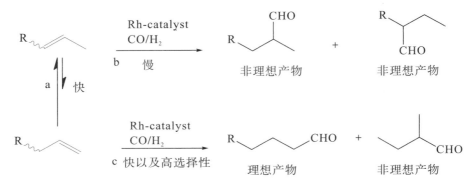

图 3.6　内烯烃异构化-氢甲酰化反应路线图

表 3.2　Rh/CPOL—BP&P 催化剂上不同 C4 烯烃氢甲酰化反应性能

底物	TOF 值 /h^{-1}	正异比	产物选择性/%		
			戊醛	2-丁烯	丁烷
1-丁烯	9020	58.6	93.6	4.0	2.4
2-丁烯	301	55.8	20.3	51.4[b]	28.3
混合 C4 烯烃[a]	3674	56.0	92.6	—	7.4

注：反应条件为 0.10 g 催化剂，运行时间 12 h，压力 2 MPa [$V(CO)$ ：$V(H_2)$ = 1：1]，温度 80℃，Rh 担载量 0.125% （质量分数），气时空速 8000 h^{-1}，1-丁烯质量流量 3.2 g/h。

[a]丁烯混合物组成是 60% 正丁烯，20% 反-2-丁烯，20% 顺-2-丁烯。

[b]2-丁烯异构为 1-丁烯的选择性。

3.3　Rh/CPOL-BP&P 等催化剂的表征

3.3.1　CPOL-BP&P 聚合物的固体 ^{13}C MAS NMR 表征

如图 3.7 所示，分别为 CPOL-BP&P 聚合物的固体 ^{13}C MAS NMR 谱图，及相应单体的液体 ^{13}C NMR 谱图。与相应的单体相比，从图 3.7（A）上可以看出，115 ppm 处的小峰可归属于未聚合的乙烯基官能团，而在 30.4 ppm 处出现的很强的新峰，可以归属为聚合物骨架中聚合的 "—CH$_2$CH$_2$—" 单元，从这两个峰的峰面积大小，可以得出聚合物 CPOL-BP&P 具有很高的聚合度。另外，化学位移为 120～160 ppm 处的峰可以归属为苯环上的 C。

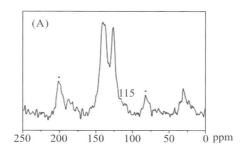

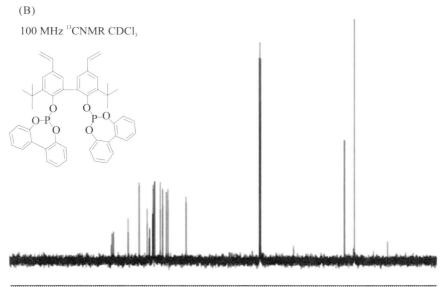

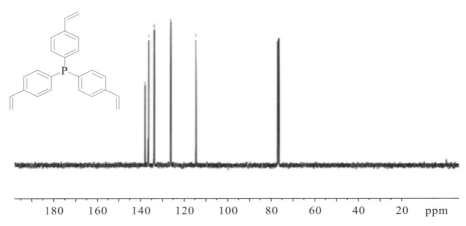

图 3.7　　(A) CPOL-BP&P 的固体[13]C MAS NMR 谱图；(B) 单体 2v-biphephos 的液体[13]C NMR 谱图；(C) 单体 3v-PPh₃ 的液体[13]C NMR 谱图

3.3.2　Rh/CPOL-BP&P 等催化剂的固体[31]P MAS NMR 表征

在聚合反应前，两种单体的[31]P NMR 谱图如图 3.8（C）和图 3.8（D）所示，相应的 P 化学位移分别出现在 144.5 ppm 和 −6.78 ppm 处。在 CPOL-BP&P 聚合物中，3v-PPh₃ 及 2v-biphephos 配体的化学位移分别在 −5.6 ppm 和 146.3 ppm 处[186]，与未聚合前单体相比，证明聚合物中 P 物种在溶剂热聚合时是稳定的。而在 Rh/CPOL-BP&P 催化剂的固体[31]P MAS NMR 谱图［图 3.8（A）］中，145.3 ppm 处的峰比 CPOL-BP&P 在 146.3 ppm 处的峰向高场移动了，这可以归因于 Rh 物种与 biphephos 配体发生了配位作用。另外，在 Rh/CPOL-BP&P催化剂中 27.3 ppm 处的峰可以归属为 Rh 与 PPh₃ 部分配位的物种及三价膦的氧化物种。作为对比，在仅含有双齿膦配体的 Rh/CPOL-BP&Ph 催化剂的固体[31]P MAS NMR 谱图［图 3.8（B）］中，发现 144.8 ppm 处的峰比 CPOL-BP&P 在 146.3 ppm 处的峰向高场移动得更多，表明聚合物骨架中有更多的 biphephos 配体与 Rh 物种形成了配位，而 −5.0 ppm 处的峰可能归属为聚合物骨架中 biphephos 配体的部分分解物种[90]。因此，根据以上实验结果，我们可以得出在 Rh/CPOL-BP&P 催化剂中，聚合物骨架中的 Rh 物种既与 2v-biphephos 配体中的 P 物种配位，又与 3v-PPh₃ 配体中的 P 物种配位。

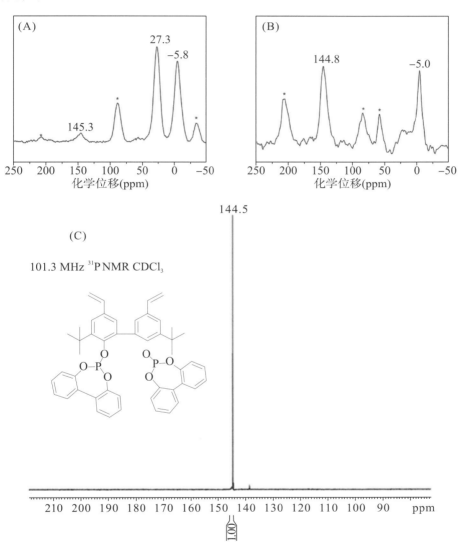

（D）

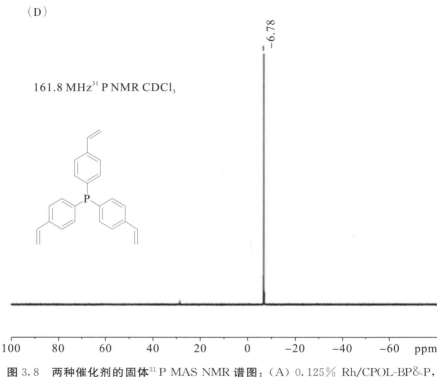

161.8 MHz ^{31}P NMR CDCl$_3$

-6.78

| 100 | 80 | 60 | 40 | 20 | 0 | -20 | -40 | -60 | ppm |

图 3.8　两种催化剂的固体 ^{31}P MAS NMR 谱图：（A）0.125% Rh/CPOL-BP&P，（B）0.125% Rh/CPOL-BP&Ph；两种单体的液体 ^{31}P NMR 谱图：（C）2v-biphephos，（D）3v-PPh$_3$

3.3.3　Rh/CPOL-BP&P 等催化剂的 N$_2$ 物理吸附表征

如图 3.9（A）所示，四种多孔有机聚合物自负载型催化剂的 N$_2$ 物理吸附等温线均显示出 Ⅰ 和 Ⅳ 型的叠加曲线，表明这四种催化剂中均存在微孔和介孔的多级孔道结构。另外，从图 3.9（B）中可以看出，Rh/CPOL-BP&P 和 Rh/POL-PPh$_3$ 催化剂有着相似的孔径分布规律，而 Rh/CPOL-BP&Ph 与 Rh/POL-PhPh$_3$ 催化剂孔径分布曲线类似，表明 3v-PPh$_3$ 和 3v-PhPh$_3$ 单体分别在 Rh/CPOL-BP&P 和 Rh/CPOL-BP&Ph 催化剂中作为交联剂以及共聚单体影响了聚合物的孔结构。从表 3.3 中可以得知，Rh/CPOL-BP&P 催化剂具有最高的比表面积和孔体积，这是非常有利于反应物和产物的扩散及活性位点的分散。与 Rh/POL-PPh$_3$ 和 Rh/CPOL-BP&Ph 催化剂相比，在 Rh/CPOL-BP&P 上底物 1-丁烯更容易充分地与活性位点接触，进而提高反应速率。另外，目前文献报道的均相 Rh-biphephos 体系催化 1-丁烯氢甲酰化反应时生成醛的正异比为 50[195]，而均相 Rh-PPh$_3$ 体系对应的正异比值为 5.8[196]，与上述结果相比，多相 Rh/CPOL-BP&P 催化剂在 1-丁烯氢甲酰化反应中获得的醛的正异比为 62.8。这些结果表明，CPOL-BP&P 聚合物的多级孔道结构有利于聚合物骨架中 Rh 物种与两种膦物种的协同作用，即形成独特的 Rh—P 配位键，这可能是该催化剂具有高活性及高区域选择性的主要原因。

表 3.3   各种催化剂的比表面积和孔容数据

催化剂	配体	BET 比表面积 （m²/g）	孔体积 （cm³/g）
Rh/CPOL-BP&P	biphephos&PPh$_3$	1252	2.85
Rh/CPOL-BP&Ph	biphephos&PhPh$_3$	1116	1.66
Rh/POL-PPh$_3$	PPh$_3$	756	1.37
Rh/POL-PhPh$_3$	PhPh$_3$	983	1.41

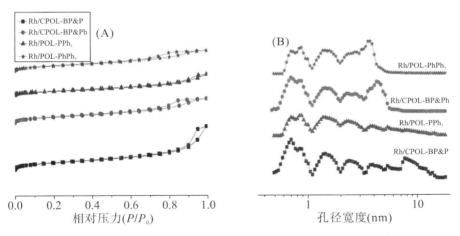

图 3.9   各种 Rh/POPs 催化剂的（A）N$_2$ 物理吸附等温曲线；（B）孔径分布

3.3.4   Rh/CPOL-BP&P 等催化剂的 SEM 表征

图 3.10 是 Rh/CPOL-BP&P 和 Rh/CPOL-BP&Ph 两种催化剂在反应前后的 SEM 图像。从两种催化剂的 SEM 图 ［图 3.10（A）和图 3.10（B）］可以看出，两者的孔道结构及表面形貌是相似的，均具有丰富的孔道结构，既有微孔又有介孔，而且聚合物都是随机无序生长的，进一步证实了这两种催化剂均具有多级孔道结构。另外，在使用后的 Rh/CPOL-BP&P 和 Rh/CPOL-BP&Ph

催化剂［图 3.10（C）和图 3.10（D）］中，这种无序的多级孔道结构特征也得
到了很好的保留，充分证实了在反应过程中这种多级孔道结构的稳定性。

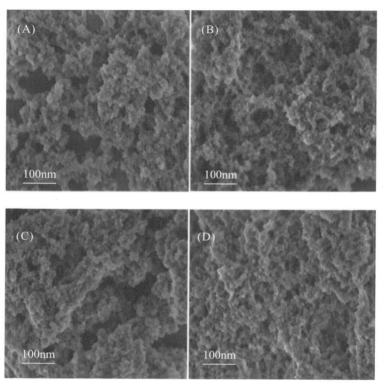

图 3.10　新制备的（A）Rh/CPOL-BP&P；（B）Rh/CPOL-BP&Ph；反
应后的（C）Rh/CPOL-BP&P；（D）Rh/CPOL-BP&Ph 催化剂的 SEM
图像

3.3.5　Rh/CPOL-BP&P 等催化剂的 TEM 表征

图 3.11 给出了 Rh/CPOL-BP&P 和 Rh/CPOL-BP&Ph 两种催化剂反应前
后的 TEM 图像，同样证实了两种催化剂的多级孔道结构。另外，在反应前两
种催化剂的 TEM 图［图 3.11（A）和图 3.11（B）］中未明显发现 Rh 团聚为
纳米颗粒的现象，表明金属 Rh 可能呈现较高的分散状态，后续的 STEM 表征
会给予进一步证实。与新制备的催化剂类似，使用后的 Rh/CPOL-BP&P 和
Rh/CPOL-BP&Ph 催化剂也均未发现 Rh 的团聚现象。

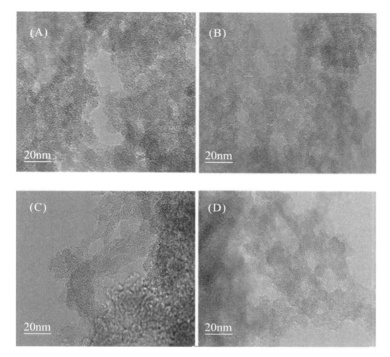

图 3.11　新制备的（A）Rh/CPOL-BP&-P；（B）Rh/CPOL-BP&-Ph；反应后的（C）Rh/CPOL-BP&-P；（D）Rh/CPOL-BP&-Ph 催化剂的 TEM 图

3.3.6　Rh/CPOL-BP&-P 等催化剂的 HAADF-STEM 表征

图 3.12 分别给出了新制备的 Rh/CPOL-BP&-P 及 Rh/CPOL-BP&-Ph 催化剂的 HAADF-STEM 图。从图 3.12（A）中可以清晰地看出，在具有多级孔道结构的 CPOL-BP&-P 聚合物载体上，金属 Rh 物种呈现单原子分散状态，而且在 Rh/POL-PPh₃ 催化剂上金属 Rh 物种也呈现单原子分散状态[185]。但是在膦浓度含量较低的 Rh/CPOL-BP&-Ph 催化剂上［图 3.12（B）］，出现了明显的 Rh 颗粒团聚现象，说明催化剂聚合物骨架中丰富的、充足的、可获得的膦配体有利于与金属 Rh 物种形成较强的多重 Rh—P 配位键，这种强的配位作用有效地阻碍了 Rh 物种的流失团聚，同时 Rh 物种与聚合物骨架中单双膦配体均配位的模式增强了 Rh 周围的空间位阻，使其在 1-丁烯氢甲酰化反应中可以获得更高的醛正异比。

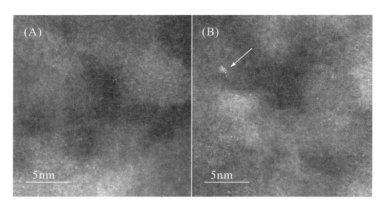

图 3.12　　(A) Rh/CPOL-BP&P；(B) Rh/CPOL-BP&Ph 催化剂的
HAADF-STEM 图

3.3.7　Rh/CPOL-BP&P 等催化剂的 XPS 表征

图 3.13 给出了 Rh/CPOL-BP&P 和 Rh/CPOL-BP&Ph 两种催化剂相应的聚合物载体及其负载金属 Rh 后的 P2p XPS 谱图。从图 3.13 (A) 和图 3.13 (B) 可以看出，在 CPOL-BP&P 载体上可以分出 132.5 eV 和 131.3 eV 两个峰，分别归属于 biphephos 和 PPh₃ 单元的 P2p 电子产生的峰。负载金属后，biphephos 和 PPh₃ 单元相应的两个峰向高结合能方向移动（132.7 eV 和 131.4 eV），这可以归因于聚合物骨架中 Rh 物种与两种膦物种发生了配位作用。有趣的是，根据 XPS 计算 biphephos 和 PPh₃ 的 P2p 百分含量可以得出（见表 3.4），无论是在聚合物 CPOL-BP&P 载体上还是在质量分数为 0.125% Rh/CPOL-BP&P 或 2% Rh/CPOL-BP&P 催化剂上，biphephos/PPh₃ 的比值均高于理论比值，说明在聚合物载体及催化剂表面 biphephos 的含量高一些，也就表明在 Rh/CPOL-BP&P 催化剂中，Rh 物种倾向于同 biphephos 的 P 位点配位而非 PPh₃ 的 P 位点。而从 CPOL-BP&Ph 聚合物及 Rh/CPOL-BP&Ph 催化剂 [图 3.13 (C) 和图 3.13 (D)] 的 P2p XPS 谱图中可以看出，负载金属后，biphephos 单元相应的峰向高结合能方向移动的更多一些，进一步证明在Rh/CPOL-BP&Ph催化剂上，更多的 biphephos 配体中的 P 位点与 Rh 物种发生了配位作用。对于 0.125% Rh/CPOL-BP&P 催化剂，由于其负载量太低，我们没有测出 Rh3d 的 XPS 谱图。

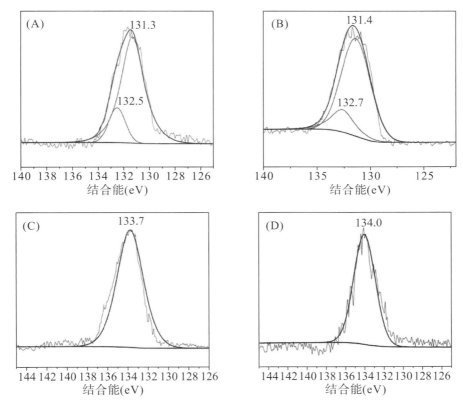

图 3.13　(A) CPOL-BP&-P；(B) **质量分数** 0.125% Rh/CPOL-BP&-P；
(C) CPOL-BP&-Ph；(D) **质量分数** 0.125% Rh/CPOL-BP&-Ph 的 P2p XPS 谱图

　　为了进一步搞清楚 Rh/CPOL-BP&-P 催化剂中 Rh 物种与聚合物骨架中中两种膦物种的相互作用，我们还制备了质量分数为 2% Rh/CPOL-BP&-P 催化剂。如图 3.14 所示，在 2% Rh/CPOL-BP&-P 催化剂中，Rh3d$_{5/2}$ 和 Rh3d$_{3/2}$ 的结合能分别出现在 308.8 eV 和 313.6 eV，比 Rh(acac)(CO)$_2$ 的相应值（309.9 eV 和 314.6 eV）[197] 略低。而 P2p 电子的结合能出现在 133.2 eV 和 132.1 eV，可分别归属于 biphephos 单元和 PPh$_3$ 单元，比 CPOL-BP&-P 载体上的相应值（132.5 eV 和 131.3 eV）要大很多，表明在 Rh/CPOL-BP&-P 催化剂中 Rh 物种与单双膦物种均发生了配位作用，且 Rh 物种以 Rh（Ⅰ）价态存在。根据 XPS 计算出的聚合物骨架中 biphephos 和 PPh$_3$ 的 P2p 含量见表 3.4。

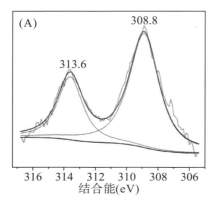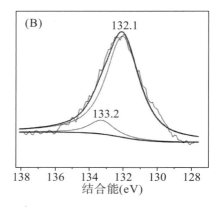

图 3.14　质量分数为 2％的 Rh/CPOL-BP&P 催化剂的（A）Rh3d XPS
和（B）P2p XPS 谱图

表 3.4　根据 XPS 计算出的聚合物骨架中 biphephos 和 PPh₃ 的 P2p 含量

材料	P2p of biphephos	P2p of PPh₃
CPOL-BP&P	14.3％	85.7％
0.125％ Rh/CPOL-BP&P	16.7％	83.3％
2％ Rh/CPOL-BP&P	9.1％	90.9％
理论值	8.3％	91.7％

3.3.8　Rh/CPOL-BP&P 等催化剂的原位 FT-IR 表征

为了进一步证明金属 Rh 物种与聚合物骨架中两种 P 物种均发生配位及其形成的活性物种类型，我们在 Rh/CPOL-BP&Ph、Rh/CPOL-BP&P 和 Rh/POL-PPh₃ 三种催化剂上进行了合成气吸附的原位 FT-IR 表征，结果如图 3.15 所示。从图中可以看出，在三种催化剂上均形成了类均相的五配位三角双锥 H-Rh 活性化合物中间体。在 Rh/POL-PPh₃ 催化剂上 ［图 3.15（C）］，出现了 2049 cm⁻¹、2017 cm⁻¹、1967 cm⁻¹ 和 1945 cm⁻¹ 四个吸收峰，可将其归属于 HRh(CO)₂(PPh₃-PS)₂ 物种[198−199]，PS 代表聚合物骨架的缩写。HRh(CO)₂(PPh₃-PS)₂ 化合物可以形成 ee 和 ea 两种构型的配合物，其中 2049 cm⁻¹ 和 1967 cm⁻¹ 两个吸收峰归属于 ee-HRh(CO)₂（PPh₃-PS)₂ 物种，而 2017 cm⁻¹ 和 1945 cm⁻¹ 两个吸收峰可归属于 ea-HRh（CO)₂（PPh₃-PS)₂ 物种。在 Rh/CPOL-BP&P 催化剂 ［图 3.15（B）］上出现了 2068 cm⁻¹、2049 cm⁻¹、2017 cm⁻¹、1976 cm⁻¹ 和 1945 cm⁻¹ 五个红外吸收峰，这些特征峰与均相 Rh/Phosphine-Phosphite 催化体系在有机溶剂中合成气氛围保护下的原位红外吸收结果类似[200−201]。其中 2049 cm^{-1} 和 1976 cm^{-1} 两个吸收峰归属于 ee-HRh(CO)$_2$（BP&P-PS）物种，2017 cm^{-1} 和 1945 cm^{-1} 两个吸收峰归属于 ea-HRh（CO）$_2$（BP&P-PS）物种，此外，2068 cm^{-1} 吸收峰可归属于 HRh(CO)(PPh$_3$)$_3$ 物种[75]。在 Rh/CPOL-BP&Ph［图 3.15（A）］催化剂上，使用 3v-PhPh$_3$ 单体取代 3v-PPh$_3$ 单体，出现了 2073 cm^{-1}、2031 cm^{-1}、2017 cm^{-1} 和 1997 cm^{-1} 四个吸收峰，可归属于 HRh(CO)$_2$(biphephos-PS) 物种[202−206]。其中 2073 cm^{-1} 和 2017 cm^{-1} 两个吸收峰代表 ee-HRh（CO）$_2$ (biphephos-PS) 物种，而 2031 cm^{-1} 和 1997 cm^{-1} 两个吸收峰代表 ea-HRh(CO)$_2$ (biphephos-PS) 物种。

与其他两种催化剂相比，Rh/CPOL-BP&Ph 催化剂的红外振动峰向高波数方向移动，说明 biphephos 配体具有较好的 π-受体效应，易于接受 Rh 的反馈电子，使 Rh—CO 键减弱，电子云由氧原子转向 C≡O 中间，增加了 C≡O 键中间的电子云密度而使 C≡O 键的力常数增加，所以其红外振动峰向高频方向移动。相应地，通过比较 Rh/CPOL-BP&P 和 Rh/POL-PPh$_3$ 催化剂，发现 1976 cm^{-1} 的吸收峰比 1967 cm^{-1} 向高波数方向移动 9 cm^{-1}，表明不同催化剂聚合物骨架中配体的电子效应各不相同。总体来说，具有良好 π-受体效应的 biphephos 配体会使得 ν_{CO} 向高波数方向移动[14, 203]。因此，Rh/CPOL-BP&Ph 催化剂具有最高的红外吸收峰波数。另外，吸收峰的相对强度与 ee/ea 异构体的比例相关[207]。所以，我们可以合理地推断出 Rh/CPOL-BP&P 催化剂上 ee/ea 异构体的比例高于 Rh/POL-PPh$_3$ 催化剂上的相应值。综上所述，可以得出 Rh/CPOL-BP&P 催化剂具有良好 π-受体效应及大空间位阻的 biphephos 配体及大量丰富的 PPh$_3$ 配体协同与 Rh 物种配位，能促进更多五配位 H—Rh 活性物种的形成，特别是 ee 异构体物种，这可能是该催化剂在 1-丁烯氢甲酰化反应中具有高活性及高区域选择性的主要原因。

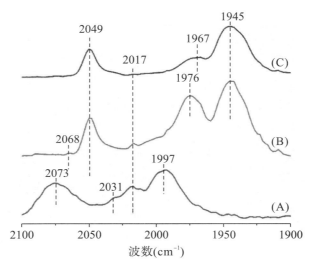

图 3.15 （A）Rh/CPOL-BP&Ph；（B）Rh/CPOL-BP&P；（C）Rh/POL-PPh₃ 催化剂的合成气吸附原位 FT-IR 谱图

3.4 本章小结

（1）利用溶剂热聚合法，将 2v-biphephos 和 3v-PPh₃ 单体共聚得到含膦多孔有机聚合物载体 CPOL-BP&P，最终通过浸渍法制备出的有机聚合物自负载 Rh 基 Rh/CPOL-BP&P 催化剂在 1-丁烯氢甲酰化反应中获得非常高的催化活性及高的区域选择性。其催化性能远优于仅含有一种 P 物种的 Rh/POL-PPh₃ 和 Rh/CPOL-BP&Ph 催化剂，说明该催化剂充分结合了 Rh 物种与聚合物骨架中两种 P 物种协同作用的优势。

（2）在固定床 2-丁烯及 C4 混合烯烃的氢甲酰化反应中，Rh/CPOL-BP&P 催化剂获得了高的戊醛正异比和较高的 C4 混合烯烃氢甲酰化反应转化活性。

（3）固定床 1-丁烯氢甲酰化寿命测试显示，该催化剂展示了较高的反应性能（TOF 值＞5000 h⁻¹，正异比＞60），且连续运行 300 h 未见催化性能明显下降。在运行 1000 h 后，其 TOF 值仍高达 1000 h⁻¹ 以上。而对于 Rh/CPOL-BP&Ph 催化剂，产品醛正异比却在逐渐缓慢下降，说明催化剂骨架中存在的大量的 P 物种有利于稳定正异比。

（4）氮气物理吸附、SEM 和 TEM 等表征证明 Rh/CPOL-BP&P 催化剂的高比表面积及多级孔道结构特征，非常有利于反应物和产物的扩散及活性物种的高分散，进而提高了催化反应活性。

（5）HAADF-STEM 表征证明在 Rh/CPOL-BP&P 催化剂上，金属 Rh 呈现单原子分散状态，而在 Rh/CPOL-BP&Ph 催化剂上，出现了 Rh 原子的团聚现象，说明催化剂骨架中高浓度的 P 配体有利于与 Rh 物种形成多重 Rh—P 配位键，提高了金属 Rh 的原子利用率，进而获得高的催化活性。

（6）固体核磁和 XPS 等证明金属 Rh 物种与聚合物骨架中的两种 P 物种同时发生了配位作用，原位 FT-IR 进一步证实 Rh 与两种 P 物种形成了独特的 Rh—P 配位键。与均相经典的 ee 和 ea 异构体活性物种相比，Rh 与单双膦同时配位的模式，使得 Rh 周围具有较大的空间位阻，能够获得较高的产品醛正异比。催化剂骨架中存在的大量 PPh$_3$ 单体，有利于稳固活性 Rh 中心，使其不易流失，进而提升稳定性能。

第4章 Rh/CPOL-BP&P(OPh)₃催化剂的合成及其在C4烯烃氢甲酰化反应中的应用

　　氢甲酰化反应是学术研究和工业应用中最重要的均相催化反应过程之一，在过去几十年间，为了改善均相催化体系的反应活性及选择性，研究人员致力于研究通过各种配体改进催化剂。例如单齿亚膦酸酯配体［P(OPh)₃，P(O-o-tBuPh)₃］，与烷膦配体相比，主要有以下几个优点：①具有较强的π-受体效应和较弱的σ-供体效应，易于接受金属Rh给予其的反馈电子，这样Rh中心变为缺电子状态，反馈于CO配体的电子变少，Rh—CO键减弱，有利于CO解离，进而加快反应速率；②合成步骤简单；③不容易被氧化。因此，它们在Rh基催化的均相氢甲酰化反应中得到广泛的应用。特别是自然咬合角在120°左右的双齿亚膦酸酯配体（如biphephos），因其优异的电子效应及空间效应通常表现出较高的反应活性和产品醛区域选择性。因此，将均相Rh-P(OPh)₃和Rh-biphephos络合物固载下来制备适合氢甲酰化的高效多相催化剂具有非常重要的研究意义。

　　关于亚膦酸酯配体固载化的研究已有很多文献报道。李显明[208]采用简单的物理吸附方法将P(OPh)₃配体固载于Rh/SiO₂上，制得的P(OPh)₃-Rh/SiO₂催化剂在甲基-3-戊烯酸甲酯的氢甲酰化反应中获得了与均相催化剂［HRh(CO)(P(OPh)₃)₃］类似的反应活性及线性产品选择性，遗憾的是，催化剂的活性在循环使用过程中会不断下降。van Leeuwen[53]将P(O-o-tBuPh)₃配体修饰一个乙烯基后固载于可溶性的链式聚苯乙烯载体上，并详细研究了配体固载量对催化反应性能的影响。Tunge[49]将biphephos接枝于低聚合度的聚苯乙烯骨架上制得JanaPhos。他还将Rh-JanaPhos催化体系用于1-辛烯氢甲酰化反应中（60℃，0.6 MPa，P和Rh的比值为3），转化率高达92%，但是产品醛的正异比仅有3.35，远低于均相Rh-biphephos体系，这可能是由于biphephos在固载化过程中，空间结构发生改变而导致的。

　　鉴于多孔有机聚合物材料具有合成方法简单、多孔结构稳定、比表面积较大和热稳定性良好等优点，我们将均相的 P(OPh)₃ 和 biphephos 配体，通过乙烯基官能团化修饰，得到 3v-P(OPh)₃ 与 2v-biphephos 单体，再利用溶剂热聚合法，制备出新型的含有 biphephos 和 P(OPh)₃ 配体的多孔有机聚合物材料。将其负载金属 Rh 后，得到多相催化剂 Rh/CPOL-BP&-P (OPh)₃，其在 1-丁烯氢甲酰化反应中获得了良好的催化性能。另外，我们也探究了反应温度、压力等因素对氢甲酰化催化反应性能的影响。通过 XPS、固体³¹P MAS NMR 和原位 FT-IR 等表征，分析了 Rh/CPOL-BP&-P(OPh)₃ 催化剂中 Rh 物种的配位状态及聚合物骨架中 biphephos 和 P (OPh)₃ 基团的作用，揭示其催化反应性能与结构的对应关系。

4.1　Rh/CPOL-BP&P(OPh)₃ 催化剂的制备

所有操作均是 Ar 氛围保护下在手套箱或 Schlenk 装置上进行。所有试剂均经过 Na 和 CaH₂ 回流脱水和 Ar 氛围保护下脱氧处理。

2v-biphephos 单体是根据之前报道的方法[186]合成，三（4-乙烯基苯）亚膦酸酯单体［3v-P(OPh)₃］是根据文献报道的方法[191]合成，二乙烯基苯（DVB）是从 Aladdin 试剂公司直接购买使用。图 4.1 给出了本章所用到的聚合单体结构示意图。

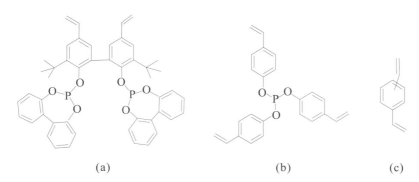

（a）　　　　　　　　　（b）　　　　（c）

图 4.1　**制备聚合物载体用到的单体**：（a）2v-biphephos；（b）3v-P(OPh)₃；（c）**二乙烯基苯**（DVB）

CPOL-BP&P(OPh)₃ 聚合物载体是通过 2v-biphephos 和 3v-P(OPh)₃ 单体溶剂热共聚制备所得，其合成路线如图 4.2 所示。具体如下：在手套箱中，将 1.0 g 3v-P(OPh)₃ 和 0.1 g 2v-biphephos 配体放入带有聚四氟乙烯内衬的30 mL 高压釜中，加入 10 mL 无水 THF 充分溶解，搅拌均匀后加入 25 mg 引发剂

AIBN，继续搅拌 10 min，将釜密封好，并将其转移至 100℃烘箱里静置 24 h。冷却至室温后，在 65℃ 真空下抽除溶剂 THF，得到白色块状固体，产物产率接近 100%，将其命名为 CPOL-BP&P(OPh)₃。

CPOL-BP&DVB 聚合物载体是通过同样的溶剂热聚合方法制得，使用 1.0 g DVB 和 0.1g 2v-biphephos 配体。

POL-P(OPh)₃ 聚合物载体也是通过同样的溶剂热聚合方法制得，使用 1.0 g 3v-P(OPh)₃ 单体。

Rh/CPOL-BP&P(OPh)₃ 和其他 Rh/CPOL 系列催化剂是通过浸渍法制备。具体如下：在 Ar 氛围保护下，将 3.5 mg Rh(CO)₂(acac)（0.014 mmol）溶于 20 mL 无水 THF 中，搅拌均匀后，加入 1.0 g CPOL-BP&P(OPh)₃ 聚合物载体，在室温下搅拌 24 h 后，用布氏漏斗过滤，并用四氢呋喃（THF）洗涤所得固体三次，65℃真空干燥 5 h 抽除溶剂 THF，得到黄白色固体粉末，命名为Rh/CPOL-BP&P(OPh)₃催化剂。通过电感耦合等离子体原子发射吸收光谱（ICP-OES）进行测试，催化剂中金属 Rh 的负载量为 0.14%（质量分数）。同样地，用等量的 Rh(CO)₂(acac) 的 THF 溶液浸渍 1.0 g 相应的聚合物可制得其他 Rh/CPOL-BP&DVB 和 Rh/POL-P(OPh)₃ 催化剂。

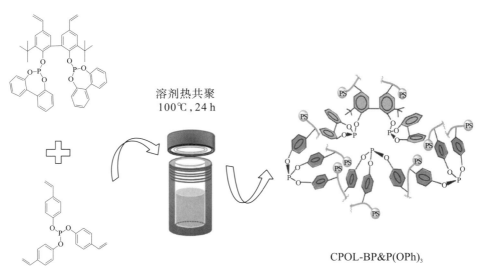

溶剂热共聚
100℃,24 h

CPOL-BP&P(OPh)₃

图 4.2 CPOL-BP&P(OPh)₃ 聚合物载体的合成路线图

4.2　Rh/CPOL-BP＆P(OPh)₃ 催化剂的 1-丁烯氢甲酰化反应性能

为了阐明在 Rh/CPOL-BP&P(OPh)₃ 催化剂中，biphephos 和 PPh₃ 配体扮演的角色和作用，我们合成了 Rh/CPOL-BP&DVB 和 Rh/POL-P(OPh)₃ 催化剂作为参比。先测试了不同类型催化剂在 80℃，2 MPa 条件下气时空速为 10000 h^{-1}，丁烯质量流速为 3.3 g/h 的反应条件下固定床的 1-丁烯氢甲酰化反应，结果见表 4.1。再使用 Rh/CPOL-BP&P(OPh)₃ 催化剂，反应 24 h，戊醛的 TOF 值为 2490.3 h^{-1}，正异比为 40.0，产物选择性为 82.2%。很显然，该催化剂的反应性能远优于 Rh/POL-P(OPh)₃ 催化剂（TOF 值＝983.2 h^{-1}，正异比＝6.3，产物选择性＝63.4%）。当使用 Rh/CPOL-BP&DVB 催化剂时，产品醛的正异比仅为 15.8，远远低于 Rh/CPOL-BP&P(OPh)₃ 催化剂的相应值。实际上，在 Rh/POL-P(OPh)₃ 和 Rh/CPOL-BP&DVB 催化剂中仅含有一种 P 物种。将 biphephos 和 P(OPh)₃ 基团集成于 Rh/CPOL-BP&P(OPh)₃ 催化剂中，实现了对 Rh/POL-P(OPh)₃ 催化剂低活性、低选择性与 Rh/CPOL-BP&DVB 催化剂较低区域选择性的优化权衡，表明金属 Rh 物种与 biphephos 和 PPh₃ 基团之间存在正面的协同作用。为了进一步证明 Rh/CPOL-BP& P(OPh)₃ 催化剂在 1-丁烯氢甲酰化反应中具有较好的催化性能，我们将实验结果与文献报道的均相 Rh 络合物催化端烯烃的氢甲酰化反应数据进行了对比，结果见表 4.2。

表 4.1　不同种类多孔有机聚合物催化剂上 1−丁烯氢甲酰化反应结果

催化样品	TOF 值/h^{-1}	正异比	产物选择性/%		
			戊醛	2-丁烯	丁烷
Rh/POL-P(OPh)₃	983.2	6.3	63.4	28.3	7.8
Rh/CPOL-BP&P(OPh)₃	2490.3	40.0	82.2	11.3	6.5
Rh/CPOL-BP&DVB	2100.2	15.8	86.4	6.8	6.8

注：反应条件为固定床反应器，Rh 担载量 0.14%（质量分数），0.1 g 催化剂，温度 80℃，压力 2 MPa [V(CO)：V(H₂)＝1：1]，运行时间 24 h，气时空速 10000 h^{-1}，1-丁烯流量 3.3 g/h。

表4.2   不同类型催化剂上端烯烃氢甲酰化反应结果

催化剂	底物	t/h	T/℃	L/Rh	TOF 值 /h^{-1}	Sele.[a] /%	l/b[b]
Rh/CPOL-BP&P(OPh)$_3$[c]	1-butene	24	80	209	2490.3	82.2	40.0
Rh/CPOL-BP&DVB[c]	1-butene	24	80	19	2100.2	86.4	15.8
Rh/POL-P(OPh)$_3$[c]	1-butene	24	80	190	983.2	63.4	6.3
Rh/P(OPh)$_3$[39]	1-octene	0.8	90	7	—	—	6.1
Rh/P(OPh-o-tBu)$_3$[209]	1-heptene	0.5~1	90	10	7100	—	3.3
Rh/biphephos[205]	1-octene	—	80	16	3600	82	>100
Rh(acac)(CO)$_2$/PPyr$_3$[210]	propene	0.5	80	13	1230	—	10.2
Rh(acac)(CO)$_2$/PPyr$_3$[196]	1-butene	1	80	13	467	—	18.6
RhCl$_3$/P(OPh)$_3$[211]	styrene	6	80	2	—	—	0.1

注:"—"表示未给出,[a] 戊醛选择性,[b] 戊醛正异比,[c] 本文。

接下来,我们探究了反应温度、压力对 Rh/CPOL-BP&P(OPh)$_3$ 催化剂上 1-丁烯氢甲酰化反应的影响。首先控制反应温度为80℃,反应时间为24 h,合成气空速为 10000 h^{-1},1-丁烯质量流速为 3.3 g/h,考察反应总压对反应性能的影响,结果见表4.3。随着反应压力的升高,戊醛的 TOF 值在逐渐增加。与此同时,随着反应压力的升高,戊醛的正异比值与化学选择性也随之增加。当反应压力为 3.0 MPa 时,戊醛的正异比值高达 49.4,戊醛的选择性达到 89.03%。

表4.3   压力对 Rh/CPOL-BP&P(OPh)$_3$ 催化剂上 1-丁烯氢甲酰化反应性能的影响

压力/MPa	TOF 值/h^{-1}	正异比	产物选择性/%		
			戊醛	2-丁烯	丁烷
1.5	2011.5	37.9	80.6	12.20	7.21
2.0	2490.3	40.0	82.2	11.29	6.51
2.5	3057.5	46.8	87.91	5.86	6.23
3.0	4626.3	49.4	89.03	7.31	3.66

注:反应条件为固定床反应器,Rh担载量0.14%(质量分数),0.1 g 催化剂,运行时间 24h,温度80 ℃,气时空速10000 h^{-1},1-丁烯流量3.3 g/h。

在设定反应压力为 2.0 MPa，反应时间为 24 h，合成气空速为 10000 h^{-1}，1-丁烯质量流速为 3.3 g/h 的反应条件下，考察了反应温度对催化反应性能的影响，结果见表 4.4。从表中可以看出，温度对 Rh/CPOL-BP&P(OPh)₃ 催化剂上 1-丁烯氢甲酰化反应性能起着非常关键的作用。当反应温度从 60℃ 增加至 100℃ 时，戊醛的 TOF 值从 1088.5 h^{-1} 增加到 4957.2 h^{-1}，相反地，戊醛的正异比及戊醛的化学选择性分别从 37.3 降至 24.0，80.84％ 降至 79.09％。当反应温度继续从 100℃ 升高到 120℃ 时，可以发现戊醛的 TOF 值迅速从 4957.2 h^{-1} 降至 3095.6 h^{-1}。异构化副产物 2-丁烯的选择性在 60～120℃ 反应温度范围内逐渐增加。众所周知，升高温度有利于 β-消除反应的发生，所以会加快烯烃异构化反应速率，而当异构化程度加大时，会降低产品醛的化学选择性。因此低温有利于增加产品戊醛的选择性。以上结果证实，低温有利于提高醛的化学选择性及区域选择性，所以，我们选择了反应温度 80℃ 来进行接下来的研究。

表 4.4　温度对 Rh/CPOL-BP&P(OPh)₃ 催化剂上 1-丁烯氢甲酰化反应性能的影响

温度/℃	TOF 值/h^{-1}	正异比	产物选择性/％		
			戊醛	2-丁烯	丁烷
60	1088.5	37.3	80.84	8.69	11.09
80	2490.3	40.0	82.2	11.29	6.51
100	4957.2	24.0	79.09	15.68	5.23
120	3095.6	20.4	70.36	22.01	7.63

注：反应条件为固定床反应器，Rh 担载量 0.14％（质量分数），0.1 g 催化剂，运行时间 24h，温度 80℃，气时空速 10000 h^{-1}，1-丁烯流量：3.3 g/h。

为了进一步证明 Rh/CPOL-BP&P(OPh)₃ 催化剂在固定床 1-丁烯氢甲酰化反应中的稳定性能，我们在优化后的反应温度 80℃ 及 3.0 MPa 压力条件下进行了测试，结果如图 4.3 所示。在 0～36 h 之间，戊醛的 TOF 值先升高至 4626 h^{-1} 后降低至 2806 h^{-1} 左右，这可能是由于 Rh 物种与膦物种在反应开始时处于寻求最佳的配位状态阶段。有趣的是，戊醛的正异比在初始的 24 h 内，从 18.6 增加到 49.4，与原位红外反应观察的催化剂上活性物种变化规律一致，即反应初始阶段是 ea-［HRh(CO)₂(BP&P(OPh)₃)-PF］物种，抽真空操作后会转化为与高区域选择性对应的 ee-［HRh(CO)₂(BP&P(OPh)₃)-PF］物种。在 36～96 h 之间，戊醛的 TOF 保持在 2900 h^{-1} 左右。此外，反应前后 Rh/CPOL-BP&P(OPh)₃ 催化剂的 TEM 表征没有观察到 Rh 颗粒团聚的现象，表明金属 Rh 物种在聚合物载体上是高度分散状态。这种情况与之前研究发现的多孔有机聚合物自负载 Rh 基催化剂上 Rh 呈现单原子分散状态类似。

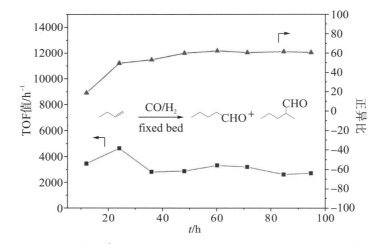

图 4.3　Rh/CPOL-BP&P(OPh)₃ 催化剂在 1-丁烯氢甲酰化反应中的稳定性能

注：反应条件为 Rh 担载量 0.14%（质量分数），0.1 g 催化剂，温度 80 ℃，压力 3.0 MPa [V(CO)：V(H₂)=1：1]，气时空速 10000 h⁻¹，1-丁烯流量：3.3 g/h。

4.3　Rh/CPOL-BP&P(OPh)₃ 催化剂的表征

4.3.1　CPOL-BP&P(OPh)₃ 聚合物的固体¹³C MAS NMR 表征

图 4.4（A）给出了 CPOL-BP&P(OPh)₃ 聚合物载体的固体¹³C MASNMR 谱图，为了方便对比，我们也提供了相应单体 2v-biphephos ［图 4.4（B）］ 和 3v-P(OPh)₃ ［图 4.4（C）］ 的液体¹³C MAS NMR 数据。如图 4.4（A）所示，120～150 ppm 处的宽峰可以归属为聚合物骨架中芳环上的 C。相比于单体的液体¹³C MAS NMR 谱图，CPOL-BP&P(OPh)₃ 聚合物载体在 29.7 ppm 和 39.8 ppm 处出现了新的峰，可以归属为聚合物骨架中的"—CH₂CH₂—"单元。另外，在 110～120 ppm 处，没有观察到未聚合的乙烯基官能团单体，表明聚合物载体 CPOL-BP&P(OPh)₃ 合成成功。

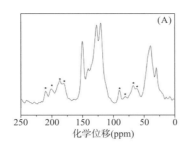

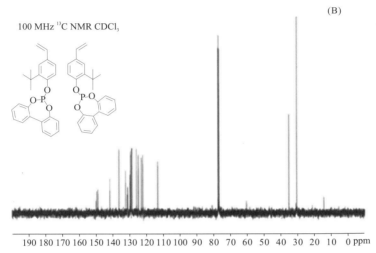

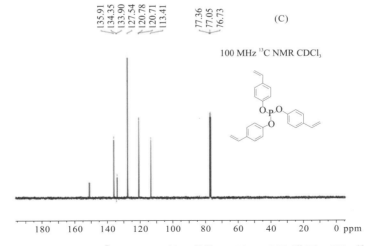

图 4.4　（A）CPOL-BP&-P(OPh)₃ 的固体[13]C MAS NMR 谱图；（B）单体 2v-biphephos 的液体[13]C NMR 谱图；（C）单体 3v-P(OPh)₃ 的液体[13]C NMR 谱图

4.3.2　CPOL-BP&P(OPh)$_3$ 等聚合物的元素分析表征

表 4.5 展示了各种多孔有机聚合物的元素分析结果，CPOL-BP&P(OPh)$_3$聚合物骨架中元素含量测定值与理论值接近。而 CPOL-BP&DVB 与 POL-P(OPh)$_3$ 聚合物中元素含量测定值与理论值出现的偏差可能是聚合物骨架中未反应的端基及孔结构中吸附的气体和水分导致的[212-213]。

表 4.5　各种多孔有机聚合物的元素分析

催化样品	聚合物和单体中的元素含量/%					
	C^a	C^b	O^a	O^b	H^a	H^b
POL-P(OPh)$_3$	67.54	74.15	13.02	12.40	5.39	5.40
CPOL-BP&DVB	84.29	76.45	3.70	9.86	8.23	7.19
CPOL-BP&P(OPh)$_3$	70.84	74.05	11.82	11.80	6.31	6.34

注：^{a}元素分析理论值；^{b}元素分析测定值。

4.3.3　Rh/CPOL-BP&P(OPh)$_3$ 催化剂的固体 ^{31}P MAS NMR 表征

2v-biphephos 和 3v-P(OPh)$_3$ 单体的液体^{31}P NMR 谱图如图 4.5（B）和 4.5（C）所示，峰位置分别在 144.5 ppm 和 127.48 ppm 处。经过溶剂热聚合以后，CPOL-BP&P(OPh)$_3$ 聚合物上出现了双峰［图 4.5 A（1）］，分别在 144.6 ppm 和 127.0 ppm 处，对应于聚合物骨架中的 biphephos 和 P(OPh)$_3$ 基团，证明 P 物种在聚合过程中是稳定的。由于在 0.14%（质量分数）Rh/CPOL-BP&P(OPh)$_3$ 催化剂中，Rh 含量太低，以至于没有观察到明显的峰值移动［图 4.5 A（2）］。为了证实 Rh/CPOL-BP&P(OPh)$_3$ 催化剂中 Rh—P 配位键的存在，我们制备了 2%（质量分数）Rh/CPOL-BP&P(OPh)$_3$ 催化剂［图 4.5 A（3）］，与 CPOL-BP&P(OPh)$_3$ 聚合物载体相比，biphephos 和 P(OPh)$_3$ 基团对应的峰值减少，均向高场方向移动，这表明 Rh 物种与聚合物骨架中的两种 P 物种均发生了配位作用。有趣的是，与新鲜的 0.14%（质量分数）Rh/CPOL-BP&P(OPh)$_3$ 催化剂相比，经过合成气［图 4.5 A（4）］或者丁烯合成气预混合气［图 4.5 A（5）］处理后的 0.14%（质量分数）Rh/CPOL-BP&P(OPh)$_3$ 催化剂上，出现了两个峰值更低的峰，可能暗示着在氢甲酰化反应过程中形成了五配位三角双锥活性中间体[214-216]。但是受固体状态下 ^{31}P 化学位移的宽化及各向异性效应的影响，合成气或者丁烯合成气预混合气处理后的 0.14%（质量分数）Rh/CPOL-BP&-P(OPh)₃ 催化剂上的两个峰值宽化，导致我们不能区分产生的活性物种类型[217-218]。在 CPOL-BP&P(OPh)₃ 聚合物载体及 Rh/CPOL-BP&P(OPh)₃ 催化剂上，104～116 ppm 范围处出现的宽峰，可能是源于聚合物骨架中 biphephos 和 P(OPh)₃ 单元的部分分解[219]。

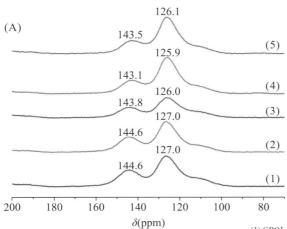

(1) CPOL-BP&P(OPh)₃
(2) 0.14% Rh/CPOL-BP&P(OPh)₃
(3) 2% Rh/CPOL-BP&P(OPh)₃
(4) 合成气处理后的 0.14% Rh/CPOL-BP&P(OPh)₃
(5) 预混合气处理后的 0.14% Rh/CPOL-BP&P(OPh)₃

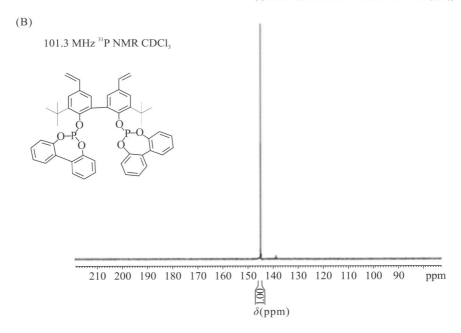

101.3 MHz ³¹P NMR CDCl₃

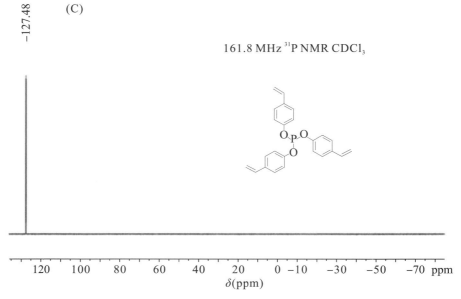

(C)

−127.48

161.8 MHz ^{31}P NMR CDCl$_3$

120　100　80　60　40　20　0　−10　−30　−50　−70 ppm

δ(ppm)

图 4.5　（A）催化剂的固体 ^{31}P MAS NMR 谱图；（B）2v-biphephos；
（C）3v-P(OPh)$_3$ 单体的 ^{31}P NMR 谱图

4.3.4　Rh/CPOL-BP&P(OPh)$_3$ 催化剂的固体 ^{1}H MAS NMR 表征

图 4.6 给出了经合成气和预混合气处理后，0.14%（质量分数）Rh/CPOL-BP&P(OPh)$_3$ 催化剂的固体核磁 ^{1}H MAS NMR 谱图。从图中可以看出，与合成气处理后的催化剂［图 4.6（A）］比较，经预混合气处理后的催化剂［图 4.6（B）］上出现了两个新的峰，其中 9.26 ppm 处的峰可归属为生成的戊醛，而 5.22 ppm 处的峰可归属为原料 1-丁烯中 C＝C—H 基团上的 H，表明即使在温和的反应条件下（80℃，0.1 MPa），新鲜的 Rh/CPOL-BP&P(OPh)$_3$ 催化剂上也可以进行 1-丁烯氢甲酰化反应。

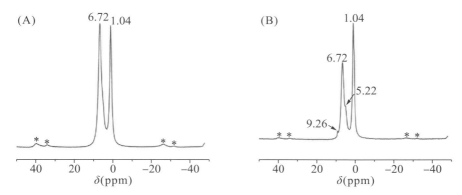

图 4.6　（A）合成气处理后的 0.14% Rh/CPOL-BP&P(OPh)₃；（B）预混合气处理后的 0.14% Rh/CPOL-BP&P(OPh)₃ 催化剂的固体 ¹H MAS NMR 谱图

4.3.5　Rh/CPOL-BP&P(OPh)₃ 催化剂的普通 FT-IR 表征

为了进一步证实成功合成了 CPOL-BP&P(OPh)₃ 聚合物及 Rh/CPOL-BP&P(OPh)₃ 催化剂，我们对上述材料进行了 FT-IR 表征，结果如图 4.7 所示。在图 4.7（B）上，我们没有发现未聚合的 C═C 双键所产生的红外振动峰（1630 cm⁻¹)[220]。而 2924 cm⁻¹ 和 2853 cm⁻¹ 的特征峰 ［图 4.7（A）］可以归属为聚合物骨架中 "—CH₂CH₂—" 单元的对称与不对称伸缩振动[221]，表明 2v-biphephos 和 3v-P(OPh)₃ 单体已经成功共聚。此外，我们也观察到了 P—O—C 基团（1016 cm⁻¹)[222] 和苯环上碳碳双键伸缩振动（1603 cm⁻¹、1504 cm⁻¹ 和 1448 cm⁻¹)[223] 的特征吸收峰。有趣的是，Rh/CPOL-BP&P(OPh)₃ 催化剂的 FT-IR 谱图几乎与载体的类似，表明了负载金属 Rh 后聚合物材料 CPOL-BP&P(OPh)₃ 的完整性。在 Rh/CPOL-BP&P(OPh)₃ 催化剂上，仅在 1557 cm⁻¹ 发现了金属前驱体 Rh(acac)(CO)₂ 中配位的 acac 基团的一个红外吸收峰，没有发现羰基在 2006 cm⁻¹ 和 2064 cm⁻¹ 的红外伸缩振动峰，表明与 Rh 配位的羰基配体可能在反应过程中被聚合物载体中的 P 取代，即前驱体中的 Rh 物种与载体中的 P 物种发生了配位作用，后文中的原位红外表征可以详细证明这一点。

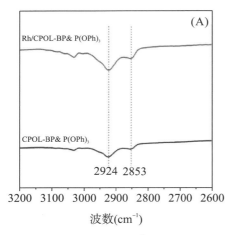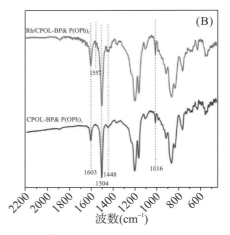

图 4.7　CPOL-BP&P(OPh)$_3$ 和 Rh/CPOL-BP&P(OPh)$_3$ 的 FT-IR 谱图

4.3.6　Rh/CPOL-BP&P(OPh)$_3$ 催化剂的 N$_2$ 物理吸附表征

如图 4.8（A）所示，聚合物 CPOL-BP&P(OPh)$_3$ 的 N$_2$ 物理吸附等温线表现出 Ⅰ 和 Ⅳ 型的叠加曲线，表明该聚合物材料具有多级孔道结构。通过 BET 公式计算出聚合物 CPOL-BP&P(OPh)$_3$ 的比表面积为 635 m^2/g，在相对压力为 0.995 处计算的总孔体积为 0.72 cm^3/g。当采用浸渍法负载 Rh(acac)(CO)$_2$ 后，制备出的 0.14%（质量分数）Rh/CPOL-BP&P(OPh)$_3$ 催化剂，计算出的比表面积和总孔容分别为 556 cm^2/g 和 0.68 cm^3/g，与聚合物材料相比，略微下降了一些，表明自负载型催化剂很好地保留了聚合物材料的高比面积和孔容特征。另外，从图 4.9（A）可以看出，自负载型的 0.14%（质量分数）Rh/CPOL-BP&P(OPh)$_3$ 催化剂的 N$_2$ 吸附等温线，也表现出与聚合物类似的 Ⅰ 和 Ⅳ 型的叠加曲线，表明负载金属 Rh 后，聚合物材料很好地保留了多级孔道结构特征。我们采用 NLDFT 方法计算了聚合物和相应自负载型催化剂的孔径分布曲线，如图 4.8（B）和图 4.9（B）所示，二者均显示出了多级孔道的结构特征，孔径主要分布在 0.70 nm、0.85 nm、1.38 nm、1.89 nm 和 2~10 nm 处，这种多级孔道结构有利于金属物种与 P 配位点的接触，同时也大大促进了反应物和产物的扩散，进而提升了催化反应活性。为了直观对比，我们也测试了仅含有一种膦物种的多孔有机聚合物材料 POL-P(OPh)$_3$ 和 CPOL-BP&DVB 的氮气物理吸附，发现大空间位阻的 biphephos 配体与 P(OPh)$_3$ 配体混聚时，会降低所得聚合物材料的比表面积。

表 4.6　各种多孔有机聚合物及 Rh/CPOL-BP&P(OPh)₃ 催化剂比表面积及孔体积

催化样品	配体	BET 比表面积（m²/g）	孔体积（cm³/g）
POL－P(OPh)₃	P(OPh)₃	801	0.95
CPOL－BP&DVB	biphephos&dvb	1002	1.21
CPOL-BP&P(OPh)₃	biphephos&P(OPh)₃	635	0.72
Rh/CPOL-BP&P(OPh)₃	biphephos&P(OPh)₃	556	0.68

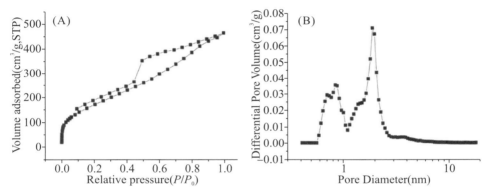

图 4.8　CPOL-BP&P(OPh)₃ 载体的（A）N₂ 吸附等温线；（B）孔径分布曲线

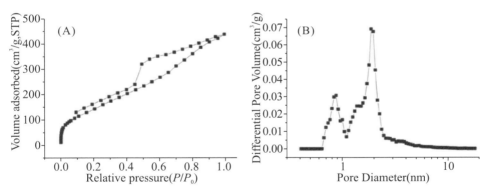

图 4.9　0.14%Rh/CPOL-BP&P(OPh)₃ 催化剂的（A）氮气吸附等温线；
（B）孔径分布曲线

4.3.7　Rh/CPOL-BP&P(OPh)₃ 催化剂的 SEM 表征

为了进一步观察聚合物及自负载型催化剂的形貌和孔道特征，我们进行了 CPOL-BP&P(OPh)₃ 载体和 Rh/CPOL-BP&P(OPh)₃ 催化剂的 SEM 表征，结果如图 4.10 所示。从图 4.10 中可以看出,无论是聚合物还是催化剂都有粗糙的表面,并具有丰富的孔道结构,既有介孔又有微孔,且孔道生长随机无序,表明该聚合物中存在多级孔道结构。另外,我们也测试了 CPOL-BP&P(OPh)₃ 载体的 SEM-EDS mapping(图 4.11),发现在 CPOL-BP&P(OPh)₃ 载体上聚合物骨架中元素分布均匀,特别是参与配位的功能性 P 元素分布均匀,证明了该材料完美集成了高分散 P 活性配位点。

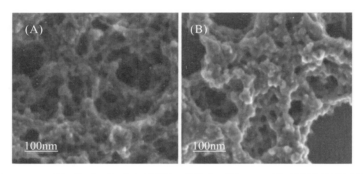

图 4.10 (A)CPOL-BP&P(OPh)₃ 载体和(B)0.14%(质量分数)Rh/CPOL-BP&P(OPh)₃ 催化剂 SEM 图

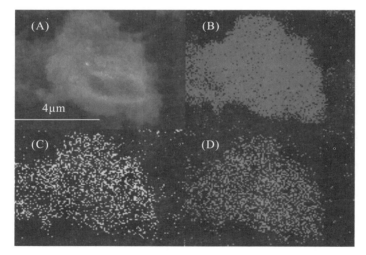

图 4.11 CPOL-BP&P(OPh)₃ 载体的 SEM 图和 SEM-EDS mapping 图

4.3.8 Rh/CPOL-BP&P(OPh)₃ 催化剂的 TEM 表征

图 4.12(A)给出了 CPOL-BP&P(OPh)₃ 聚合物载体的 TEM 图,进一步证实了聚合物材料具有多级孔道。0.14%(质量分数)Rh/CPOL-BP&

P(OPh)₃催化剂的 TEM 图 ［图 4.12（B）］ 也表明了催化剂存在多级孔道结构。值得一提的是，同时在低倍和高倍放大倍数下观察均未发现 Rh 颗粒的团聚，进一步证实了金属 Rh 的高分散性（图 4.13）。反应 120 h 后 0.14％Rh/CPOL-BP&P(OPh)₃ 催化剂的 TEM 图（图 4.13）与新制备的催化剂类似，表明了催化剂这种多级孔道结构的稳定性。同时低倍和高倍放大倍数下也未发现团聚的 Rh 颗粒，这可能是由于催化剂中具有较多均匀分散的 P 位点，与 Rh 发生配位作用后阻碍了 Rh 的团聚，从而抑制了 Rh 活性金属的流失。

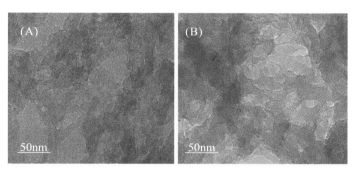

图 4.12　（A）CPOL-BP&P(OPh)₃ 载体和（B）0.14％（质量分数）Rh/CPOL-BP&P(OPh)₃ 催化剂 TEM 图

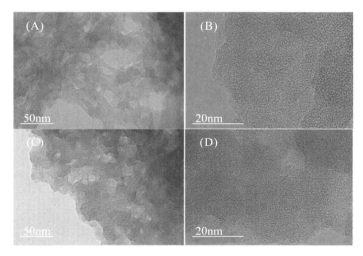

图 4.13　（A）、（B）新制备的和（C）、（D）反应 120 h 后 0.14％（质量分数）Rh/CPOL-BP&P(OPh)₃ 的 TEM 图

4.3.9　Rh/CPOL-BP&P(OPh)₃ 催化剂的 XRD 表征

图 4.14 分别给出了 CPOL-BP&P(OPh)₃ 载体及 0.14%（质量分数）Rh/CPOL-BP&P(OPh)₃ 催化剂的 XRD 图。从图 4.14（A）中可以看出，在 2θ 为 5°～90°的扫描范围内未发现衍射峰，为典型的无定型材料曲线，证明溶剂热方法聚合过程中材料生长方向的无序和随机性。在图 4.14（B）中，0.14%（质量分数）Rh/CPOL-BP&P(OPh)₃ 催化剂与载体类似，未发现 Rh 纳米粒子衍射峰的存在，也进一步证实了在聚合物载体上 Rh 物种的高分散性。

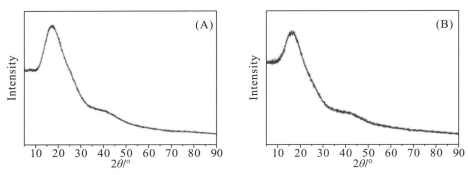

图 4.14　（A）CPOL-BP&P（OPh）₃ 载体；（B）0.14% Rh/CPOL-BP&P(OPh)₃ 催化剂的 XRD 图

4.3.10　Rh/CPOL-BP&P(OPh)₃ 催化剂的 TG 表征

如图 4.15 所示，我们测试了 N₂ 氛围保护下 CPOL-BP&P(OPh)₃ 载体及 0.14%（质量分数）Rh/CPOL-BP&P(OPh)₃ 催化剂的热重曲线，发现无论是聚合物还是催化剂材料均具有良好的热稳定性，在温度高于 400℃时，才出现明显的失重，聚合物骨架发生坍塌。由于采取不可逆的溶剂热聚合法来构建聚合物材料，与 MOFs 和 COFs 相比，我们获得的材料具有更加优异的热稳定性能。

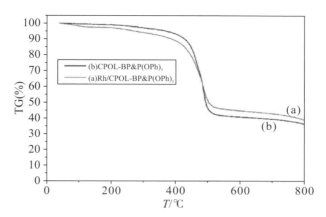

图 4.15 CPOL-BP&P(OPh)₃ 载体及 0.14% （质量分数）Rh/CPOL-BP&P(OPh)₃ 催化剂的热重曲线

4.3.11 Rh/CPOL-BP&P(OPh)₃ 催化剂的 XPS 表征

图 4.16 给出了 CPOL-BP&P(OPh)₃ 和 0.14% （质量分数）Rh/CPOL-P(OPh)₃ 催化剂的 P2p XPS 光谱图。从图 4.16 （A）中可以看出，在 CPOL-BP&P(OPh)₃ 聚合物上可以分出 134.8 eV 和 133.6 eV 两个峰，分别归属于 biphephos 和 P(OPh)₃ 单元的 P2p 电子产生的峰。负载金属后，biphephos 和 P(OPh)₃ 单元相应的两个峰向高结合能方向移动（135.1 eV 和 133.8 eV）［图 4.16 （B）］，表明两种 P 物种上电子云密度相对减弱，也就是说，在 0.14% （质量分数）Rh/CPOL-BP&P(OPh)₃ 催化剂上聚合物骨架中两种 P 物种与 Rh 物种均发生了配位作用。

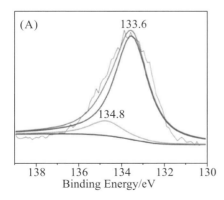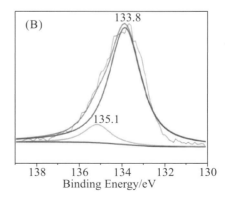

图 4.16 （A）CPOL-BP&P(OPh)₃ 催化剂和 （B）0.14% Rh/CPOL-BP&P(OPh)₃ 催化剂的 P2p XPS 谱图

4.3.12　Rh/CPOL-BP&P(OPh)₃ 催化剂的原位 FT-IR 表征

为了深入了解 Rh/CPOL-BP&P(OPh)₃ 催化剂中 Rh 物种的配位状态及 biphephos 和 P(OPh)₃ 组分的作用，我们进行了合成气吸附的原位红外光谱表征，来观察 Rh/CPOL-BP&P(OPh)₃ 催化剂上活性物种的形成及演变过程，结果如图 4.17 所示。N₂ 吹扫 1 min 后，在 Rh/CPOL-BP&P(OPh)₃ 催化剂上出现了 2083 cm^{-1}、2042 cm^{-1}、2018 cm^{-1}、2008 cm^{-1} 和 1993 cm^{-1} 五个吸收峰，说明在该催化剂上形成了类似均相的五配位三角双锥活性物种。2008 cm^{-1} 吸收峰可归属于［Rh（acac）（CO）（BP&P(OPh)₃-PF）］物种（图 4.18 B），PF 代表聚合物骨架的缩写。令人惊讶的是，该吸收峰在后续的 N₂ 吹扫过程中很快就消失了，表明在［Rh（acac）（CO）（BP&P(OPh)₃-PF）］物种中 CO 是可逆键合，很容易被取代，该现象也与文献报道的溶剂中均相原位红外表征结果类似[224]。有趣的是，2018 cm^{-1} 和 2083 cm^{-1} 两个吸收峰的强度随吹扫时间增加而减弱，而 2042 cm^{-1} 和 1993 cm^{-1} 两个吸收峰的强度却逐渐增加，也就是说，吸收峰在 2018 cm^{-1}、2083 cm^{-1} 和 2042 cm^{-1} 处的 ［HRh(CO)₃(P(OPh)₃-PF)］ 物种（图 4.18 A）在逐渐变化。即［HRh(CO)₃(P(OPh)₃-PF)］（图 4.18 A）和［Rh（acac）（CO）（BP&P(OPh)₃-PF）］（图 4.18 B）物种逐渐转变为 ea-［HRh(CO)₂(BP&P(OPh)₃-PF)］（图 4.18 D，2042 cm^{-1} 和 1993 cm^{-1}）和［HRh（CO）（BP&P(OPh)₃-PF）］（图 4.18 C，2042 cm^{-1}）物种[205−206,215−226]，这表明 Rh 物种倾向于同聚合物骨架中的两种 P 物种配位而非同其中的一种 P 物种配位。图 4.18 详细地给出了合成气处理后 Rh/CPOL-BP&P(OPh)₃ 催化剂上活性物种的形成及演变过程。Rh/CPOL-BP&P(OPh)₃ 催化剂上相应的红外吸收峰归属见表 4.7。

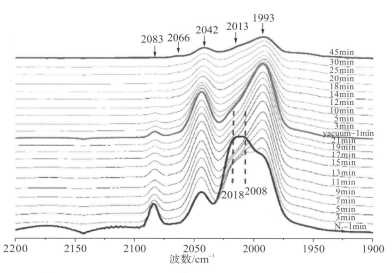

图 4.17　0.14%（质量分数）Rh/CPOL-BP&-P(OPh)₃ 催化剂的合成气吸附原位 FT-IR 谱图

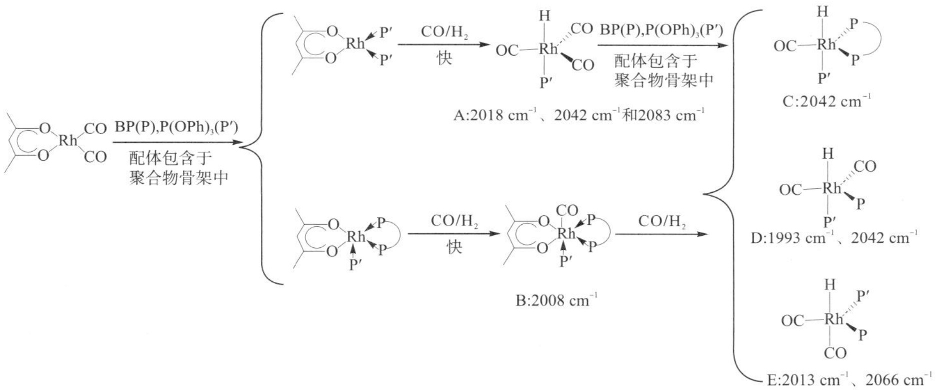

图 4.18　合成气处理后 Rh/CPOL-BP&-P(OPh)₃ 催化剂上活性物种的形成及演变

表 4.7　合成气处理后 Rh/CPOL-BP&-P(OPh)₃ 上红外吸收峰归属

波数（cm⁻¹）	波峰归属	参考文献
2008	[Rh(acac)(CO)(BP&-P(OPh)₃-PF)]	[224]
2018、2042、2083	[HRh(CO)₃(P(OPh)₃-PF)]	[225]
2042	[HRh(CO)(BP&-P(OPh)₃-PF)]	[226]
1993、2042	ea-[HRh(CO)₂(BP&-P(OPh)₃-PF)]	
2066、2013	ee-[HRh(CO)₂(BP&-P(OPh)₃-PF)]	[227]

为进一步证实合成气处理后在 Rh/CPOL-BP&P(OPh)$_3$ 催化剂上是否还有其他活性物种形成，特别是 ee-[HRh(CO)$_2$(BP&P(OPh)$_3$-PF)] 异构体的形成，我们在 N$_2$ 吹扫 30 min 后，进行抽真空操作。45 min 以后，出现了比较弱的 2066 cm^{-1} 和 2013 cm^{-1} 两个吸收峰，可归属于 ee-[HRh(CO)$_2$(BP&P(OPh)$_3$-PF)] 物种[227]（图 4.18 E）。而且 ee-异构体物种的羰基吸收峰强度要比 ea-异构体物种的弱很多，这种现象也与均相氢甲酰化反应的结果类似[228]。ee-异构体物种的形成可能是该催化剂具有高区域选择性的主要原因。因此，在 Rh/CPOL-BP&P(OPh)$_3$ 催化剂中，具有大空间位阻的 biphephos 和适量的 P(OPh)$_3$ 配体与 Rh 物种的协同效应可能有助于形成丰富的类似均相的五配位三角双锥活性物种，特别是 ee-异构体，进而使 Rh/CPOL-BP&P(OPh)$_3$ 催化剂在 1-丁烯氢甲酰化反应中表现出较高的反应活性及高的区域选择性。

为了在更接近催化剂的实际反应状态，详细探究 Rh/CPOL-BP&P(OPh)$_3$ 催化剂催化 1-丁烯氢甲酰化反应的机理，我们使用预混合气 [V(1-丁烯)∶V(CO)∶V(H$_2$) = 3∶4∶4，0.1 MPa] 处理催化剂后进行原位红外表征。如图 4.19（A）所示，随着反应的进行，出现了可归属为戊醛（醛羰基的伸缩振动）1723 cm^{-1} 吸收峰，表明通入预混合气后，氢甲酰化反应开始发生。另外，1684 cm^{-1} 吸收峰可归属于 Rh—CO 物种中羰基的伸缩振动[229-230]，1601 cm^{-1} 吸收峰可指认为酰基化合物[224]，2018 cm^{-1} 和 1993 cm^{-1} 两个吸收峰可分别归属为 [HRh(CO)$_3$P(OPh)$_3$-PF] 和 ea-[HRh(CO)$_2$(BP&P(OPh)$_3$-PF)] 物种。1839 cm^{-1}、1825 cm^{-1}、1656 cm^{-1} 和 1638 cm^{-1} 四个吸收峰可归属为 1-丁烯的伸缩振动[231-232]，2113 cm^{-1} 和 2174 cm^{-1} 的两个吸收峰可归属为气态 CO 分子。因此，根据预混合气吸附后氢甲酰化反应的原位红外光谱，可以发现即使在温和的反应条件下（80℃，0.1 MPa），Rh/CPOL-BP&P(OPh)$_3$ 催化剂催化 1-丁烯的氢甲酰化反应也可以发生。

如图 4.19（B）所示，在金属羰基区域出现了几个新的吸收峰（1996 cm^{-1}、2021 cm^{-1} 和 2057 cm^{-1}），表明催化剂在含 1-丁烯的预混合气处理后形成了几个新的 H-Rh 活性物种。其中 1996 cm^{-1} 和 2057 cm^{-1} 的吸收峰可以归属为 Rh-酰基中间体 7[203]（图 4.20，只给出了正构醛形成路径），2021 cm^{-1} 吸收峰可以归属于 Rh-酰基中间体 15[233-234]（图 4.20）。在丁烯存在的情形下，1988 cm^{-1} 和 2043 cm^{-1} 两个吸收峰可指派为 ea-[HRh(CO)$_2$(BP&P(OPh)$_3$-PF)] 物种，2013 cm^{-1} 和 2069 cm^{-1} 两个吸收峰可归属于 ee-[HRh(CO)$_2$(BP&P(OPh)$_3$-PF)] 物种，但与合成气处理后的催化剂上形成的物种相比，其峰值稍微减

少[203,235]。根据以上结果，我们提出了 Rh/CPOL-BP&P(OPh)₃ 催化剂催化 1-
丁烯的氢甲酰化反应可能的两种反应机理，如图 4.20 所示。为了进一步探究预
混合气压力对反应形成的活性物种是否有影响，我们进行了 0.3 MPa 预混合气
处理的 Rh/CPOL-BP& P(OPh)₃ 催化剂的原位红外表征，结果如图 4.21 所示。
从图可以看出，预混合气压力没有产生明显影响。

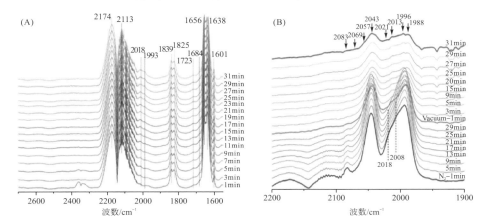

图 4.19　（A）预混合气处理后的 Rh/CPOL-BP&P(OPh)₃ 催化剂的
原位红外光谱；（B）预混合气处理后的 Rh/CPOL-BP&P(OPh)₃ 催化剂
的端金属羰基区域的原位红外光谱

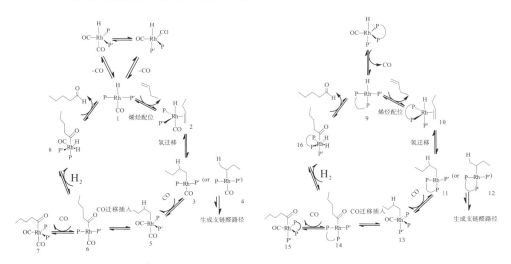

图 4.20　Rh/CPOL-BP&P(OPh)₃ 催化剂催化 1-丁烯的氢甲酰化反应两种可能的反应机理

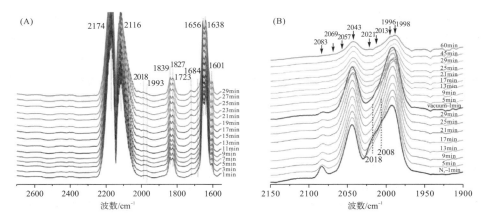

图 4.21 （A）0.3 MPa 预混合气处理后的 Rh/CPOL-BP&P(OPh)₃ 催化剂的原位红外光谱；（B）0.3 MPa 预混合气处理后的 Rh/CPOL-BP&P(OPh)₃ 催化剂的端金属羰基区域的原位红外光谱

4.4 本章小结

（1）相比 3v-PPh₃ 配体，单齿亚磷酸酯配体 3v-P(OPh)₃ 不仅具有较好的 π-受体效应，而且不易氧化，易于合成，可降低配体合成成本，利于大规模化应用。

（2）利用溶剂热聚合法，将 3v-P(OPh)₃ 和 2v-biphephos 单体共聚合成了具有多级孔道结构、大比表面积和良好热稳定性的共聚物 CPOL-BP&P(OPh)₃，制备出的聚合物具有较高的聚合度，聚合过程中 P 物种是稳定存在的。

（3）通过浸渍法制备得到的 Rh/CPOL-BP&P(OPh)₃ 催化剂在 1-丁烯氢甲酰化中表现优异，获得了较高的催化活性（TOF 值＝1088～4957 h⁻¹）及产品醛正异比（l：b＝40.0）。与仅含有一种 P 物种的 Rh/POL-P(OPh)₃ 和 Rh/CPOL-BP&DVB 催化剂相比，该催化剂有效地结合了聚合物骨架中 biphephos 和 P(OPh)₃ 基团对氢甲酰化反应的作用。

（4）该催化剂在固定床 1-丁烯氢甲酰化反应中的寿命测试中，连续运行 96 h 反应活性和选择性未见明显下降。

（5）固体 P 核磁和 XPS 等表征结果证明 Rh 物种与聚合物骨架中的两种 P 物种均发生了配位作用，原位 FT-IR 证实在 Rh/ CPOL-BP&P(OPh)₃ 共聚物催化剂中形成了类似于均相催化的三角双锥 Rh—P 物种，且该活性物种的分布随着 CO 浓度的变化存在动态平衡。根据活性物种的变化情况，发现在聚合物骨架中 Rh 物种倾向于同两种 P 物种配位，而非其中的一种 P 物种配位。正是由于这种独特的 Rh—P 配位键，使得 Rh 周围的立体效应更加显著，烯烃更容易以形成正构醛中间活性物种的构型插入，产品醛的正异比更高。此外，Rh 与两种 P 物种配位形成的三种 Rh—P 活性物种产生协同作用，使该催化剂具有优异的催化活性。

第5章 P(OPh)₃配体含量对催化剂反应性能的影响

在氢甲酰化反应中，配体对催化剂反应性能的影响非常关键。除了配体的电子效应和空间效应外，另一个比较重要的影响因素是配体的含量，即与 Rh 配位的 P 配体数目，主要反映为 P/Rh 比的高低。在均相催化体系中，P/Rh 比对反应速率的影响可以用"火山型曲线"描述，即随着 P/Rh 比的增加，反应速率先增加后降低。因为均相催化体系的催化剂难以实现分离回收利用，所以我们开发出了均相催化剂固载化的多孔有机聚合物催化剂。

多孔有机聚合物（POPs）是主要由 C、H、O、N 等轻元素组成，并通过强共价键连接而成的一类材料。与均相的金属有机催化剂类似，POPs 的构建结构单元种类丰富，可以实现很好的化学组成调控。与一般的固体催化剂载体类似，POPs 材料具有极好的热稳定性和化学稳定性，因而可用于多相催化反应中。在第 4 章中，我们已经报道了一系列多孔有机聚合物自负载型 Rh/POL-P(OPh)₃、Rh/CPOL-BP&P(OPh)₃ 催化剂的合成、表征及其在1-丁烯氢甲酰化反应中的应用。本章利用聚合物合成的可调控性，以 3v-P(OPh)₃ 和 2v-biphephos 为功能性单体，二乙烯基苯（DVB）或1,3,5-(4-乙烯基苯)基苯（3v-PhPh₃）为结构性单体，通过调节功能性与结构性单体的比例，合成了一系列不同 P(OPh)₃ 配体含量的聚合物材料。同时，将其自负载金属 Rh 后得到的一系列不同 P(OPh)₃ 配体含量的聚合物自负载 Rh 基催化剂，应用于 1-丁烯的氢甲酰化反应中，重点探究了膦配体含量对催化反应性能的影响规律。再结合多种表征技术，探究催化反应性能与结构的对应关系。

5.1 不同 P(OPh)₃ 配体含量催化剂的制备

所有操作均是 Ar 氛围保护下在手套箱或 Schlenk 装置上进行的。所有试剂均经过 Na 和 CaH₂ 回流脱水和 Ar 氛围保护脱氧处理。

2v-biphephos 单体[186]、三(4-乙烯基苯)亚膦酸酯单体 [3v-P(OPh)₃][191]

和 1,3,5-(4-乙烯基苯)基苯（3v-PhPh₃）$^{[192]}$ 单体是根据文献报道的方法合成。二乙烯基苯（DVB）是从 Aladdin 试剂公司直接购买使用。图 5.1 给出了本章所用到的聚合单体结构示意图。

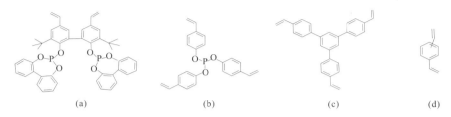

图 5.1　构筑多孔有机聚合物所用的单体：（a）2v-biphephos（BP）；（b）3v-P(OPh)₃）；（C）3v-PhPh₃；（d）**二乙烯基苯**（DVB）

CPOL-PhPh₃-xP(OPh)₃ 聚合物的制备：改变聚合物中 P(OPh)₃ 基团的浓度采用溶剂热聚合方式合成，如图 5.2 所示。x 代表每克聚合物中 P(OPh)₃ 基团的物质的量，单位为 mmol/g。例如，CPOL-PhPh₃-0.5P(OPh)₃ 聚合物的合成步骤为：在手套箱中，将 0.2 g 3v-P(OPh)₃ 和 0.8 g PhPh₃ 单体放入带有聚四氟乙烯内衬的 30 mL 高压釜中，加入 10 mL 无水 THF 充分溶解，搅拌均匀后加入 25 mg 引发剂 AIBN，再搅拌 10 min，将釜密封好，并将其转移至 100℃烘箱里静置 24 h。冷却至室温后，65℃真空抽除溶剂 THF，即可得到 P(OPh)₃ 基团浓度为 0.5 mmol/g 的 CPOL-PhPh₃-0.5P(OPh)₃ 聚合物。

CPOL-PhPh₃-1.0P(OPh)₃：0.4 g 3v-P(OPh)₃ 和 0.6 g 3v-PhPh₃ 单体在高压釜中 Ar 氛围保护下聚合 24 h 制得。

CPOL-PhPh₃-1.5P(OPh)₃：0.6 g 3v-P(OPh)₃ 和 0.4 g 3v-PhPh₃ 单体在高压釜中 Ar 氛围保护下聚合 24 h 制得。

CPOL-PhPh₃-2.0P(OPh)₃：0.8 g 3v-P(OPh)₃ 和 0.2 g 3v-PhPh₃ 单体在高压釜中 Ar 氛围保护下聚合 24 h 制得。

CPOL-PhPh₃-2.6P(OPh)₃：1.0 g 3v-P(OPh)₃ 单体在高压釜中 Ar 氛围保护下聚合 24 h 制得。

CPOL-PhPh₃-BP&xP(OPh)₃ 聚合物的制备：通过改变聚合物中 P(OPh)₃ 基团的浓度采用溶剂热聚合方式合成，如图 5.2 所示。x 代表每克聚合物中 P(OPh)₃ 基团的物质的量，单位为 mmol/g。

CPOL-PhPh₃-BP&0.5P(OPh)₃：0.2 g 3v-P(OPh)₃、0.8 g 3v-PhPh₃ 和 0.1 g 2v-biphephos 单体在高压釜中 Ar 氛围保护下聚合 24 h 制得。

CPOL-PhPh₃-BP&0.9P(OPh)₃：0.4 g 3v-P(OPh)₃、0.6 g 3v-PhPh₃ 和

0.1 g 2v-biphephos 单体在高压釜中 Ar 氛围保护下聚合 24 h 制得。

CPOL-PhPh$_3$-BP&1.4P(OPh)$_3$：0.6 g 3v-P(OPh)$_3$、0.4 g 3v-PhPh$_3$ 和 0.1 g 2v-biphephos 单体在高压釜中 Ar 氛围保护下聚合 24 h 制得。

CPOL-PhPh$_3$-BP&1.9P(OPh)$_3$：0.8 g 3v-P(OPh)$_3$、0.2 g 3v-PhPh$_3$ 和 0.1 g 2v-biphephos 单体在高压釜中 Ar 氛围保护下聚合 24 h 制得。

CPOL-PhPh$_3$-BP&2.3P（OPh）$_3$：1.0 g 3v-P（OPh）$_3$ 和 0.1 g 2v-biphephos 单体在高压釜中 Ar 氛围保护下聚合 24 h 制得。

Rh/CPOL-PhPh$_3$-xP(OPh)$_3$ 及 Rh/CPOL-PhPh$_3$-BP&xP(OPh)$_3$ 催化剂是通过浸渍法制备。具体步骤为：在 Ar 氛围保护下，3.5 mg Rh(CO)$_2$(acac) (0.014 mmol) 溶于 20 mL 无水 THF 中，搅拌均匀后，加入上述相应的聚合物 1.0 g，室温下搅拌 24 h，布氏漏斗过滤后，用 THF 清洗固体三次，65℃ 真空抽除溶剂 THF，即可得到 Rh/CPOL-PhPh$_3$-xP（OPh）$_3$ 及 Rh/CPOL-PhPh$_3$-BP&xP（OPh）$_3$ 催化剂。

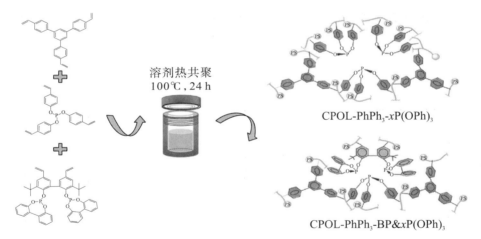

图 5.2　CPOL-PhPh$_3$-xP（OPh）$_3$ 和 CPOL-PhPh$_3$-BP&xP（OPh）$_3$ 聚合物的合成路线示意图

5.2　不同 P(OPh)₃ 配体含量催化剂的 1-丁烯氢甲酰化反应性能

5.2.1　不同结构性单体调控的催化剂性能比较

为了实现聚合物中 P(OPh)₃ 配体浓度的调控，分别用 DVB 和 3v-PhPh₃ 作为交联剂结构性单体对 Rh/POL-P(OPh)₃ 催化剂进行掺杂。结果表明选用 3v-PhPh₃ 作为交联剂时，得到的 Rh/CPOL-PhPh₃-1.0P(OPh)₃ 催化剂上 1-丁烯氢甲酰化反应的催化活性及醛的化学选择性较高（表 5.1）。所以，在接下来的研究中，选用 3v-PhPh₃ 作为交联剂对 Rh/POL-P(OPh)₃ 和 Rh/CPOL-BP&P(OPh)₃ 催化剂中 P(OPh)₃ 配体浓度进行调控，以观察 P 浓度与催化性能的对应关系。

表 5.1　不同种类多孔有机聚合物催化剂催化 1-丁烯氢甲酰化反应性能

催化样品	TOF 值/h⁻¹	正异比	产物选择性/%		
			戊醛	2-丁烯	丁烷
Rh/CPOL-PhPh₃-1.0P(OPh)₃	5596.2	5.2	90.13	7.94	1.93
Rh/CPOL-DVB-1.0P(OPh)₃	4690.2	5.5	77.57	18.78	3.66
Rh/CPOL-PhPh₃-2.6P(OPh)₃	1101.2	6.3	63.41	28.74	7.84

注：反应条件为固定床反应器，Rh 担载量 0.14%（质量分数），0.1 g 催化剂，运行时间 24 h，压力 2 MPa，温度 80℃，气时空速 10000 h⁻¹，1-丁烯质量流量为 3.3 g/h。

5.2.2　不同 P(OPh)₃ 配体含量催化剂性能比较

如表 5.2 所示，我们选用 3v-PhPh₃ 作为交联剂结构性单体，调节 Rh/POL-P(OPh)₃ 催化剂中膦配体含量，发现随着 P(OPh)₃ 配体含量的增加，Rh/CPOL-PhPh₃-xP(OPh)₃ 催化剂催化 1-丁烯氢甲酰化反应的活性逐渐下降，而戊醛的正异比逐渐升高。当 P(OPh)₃ 配体含量为 0.5 mmol/g 时，戊醛的 TOF 值为 5703.6 h⁻¹，正异比为 4.0；当 P(OPh)₃ 配体含量增加至 2.6 mmol/g 时，戊醛的 TOF 值和正异比分别为 1101.2 h⁻¹ 和 6.3，说明金属 Rh 周围高浓度的膦配体，有助于增加 Rh 与 P 的配位数，从而使 Rh 活性中心比较拥挤，周围的立体效应更加显著，非常有利于正构醛的产生。所以，在高膦配体含量时，可以获得更高的产品醛正异比。与此同时，Rh 周围大的空间位阻会阻碍 1-丁烯的氧化加成配位，故催化反应活性会降低。

表 5.2 Rh/CPOL-PhPh$_3$-xP(OPh)$_3$ 系列催化剂上 1-丁烯氢甲酰化反应性能

催化样品	TOF 值/h^{-1}	正异比	产物选择性/%		
			戊醛	2-丁烯	丁烷
Rh/CPOL-PhPh$_3$-0.5P(OPh)$_3$	5703.6	4.0	93.84	3.88	2.28
Rh/CPOL-PhPh$_3$-1.0P(OPh)$_3$	5596.2	5.2	90.13	7.94	1.93
Rh/CPOL-PhPh$_3$-1.5P(OPh)$_3$	4623.8	5.4	93.03	4.07	2.91
Rh/CPOL-PhPh$_3$-2.1P(OPh)$_3$	2223.2	5.9	86.53	7.03	6.44
Rh/CPOL-PhPh$_3$-2.6P(OPh)$_3$	1101.2	6.3	63.41	28.74	7.84

注：反应条件为固定床反应器，Rh 担载量 0.14%（质量分数），0.1 g 催化剂，运行时间 24 h，压力 2 MPa，温度 80℃，气时空速 10000 h^{-1}，1-丁烯质量流量为 3.3 g/h。

表 5.3 Rh/CPOL-PhPh$_3$-BP&xP(OPh)$_3$ 系列催化剂催化 1-丁烯氢甲酰化反应性能

催化样品	TOF 值/h^{-1}	正异比	产物选择性/%		
			戊醛	2-丁烯	丁烷
Rh/CPOL-PhPh$_3$-BP&0.5P(OPh)$_3$	6870.9	40.4	90.47	5.23	4.30
Rh/CPOL-PhPh$_3$-BP&0.9P(OPh)$_3$	9589.9	60.4	87.39	9.90	2.71
Rh/CPOL-PhPh$_3$-BP&1.4P(OPh)$_3$	6829.1	58.8	83.44	12.3	4.26
Rh/CPOL-PhPh$_3$-BP&1.9P(OPh)$_3$	3064.0	51.5	76.14	14.68	9.18
Rh/CPOL-PhPh$_3$-BP&2.3P(OPh)$_3$	2991.6	33.7	85.25	9.17	5.58

注：反应条件为固定床反应器，Rh 担载量 0.14%（质量分数），0.1 g 催化剂，运行时间 24 h，压力 2 MPa，温度 80℃，气时空速 10000 h^{-1}，1-丁烯质量流量 3.3 g/h。

另外，采用 3v-PhPh$_3$ 交联剂，我们也调控了 Rh/CPOL-BP&P(OPh)$_3$ 催化剂中的单膦配体 P(OPh)$_3$ 含量的变化，如表 5.3 所示。发现随着 P(OPh)$_3$ 配体含量的增加，Rh/CPOL-PhPh$_3$-BP&xP(OPh)$_3$ 催化剂上 1-丁烯氢甲酰化反应活性先增加后下降，戊醛的正异比也表现出同样的规律。当 P(OPh)$_3$ 配体含量为 0.9 mmol/g 时，戊醛的 TOF 值和正异比最大，分别为 9589.9 h^{-1} 和 60.4。与 Rh/CPOL-PhPh$_3$-xP(OPh)$_3$ 系列催化剂相比，具有同样物质的量的 P(OPh)$_3$ 配体的催化剂，含有 biphephos 基团时反应活性和醛正异比更高。也就是说，Rh/CPOL-PhPh$_3$-BP&xP(OPh)$_3$ 催化剂的催化反应性能要优于对应的 Rh/CPOL-PhPh₃-xP(OPh)₃ 催化剂。

5.2.3　不同 P(OPh)₃ 配体含量催化剂稳定性能比较

图 5.3 给出了 Rh/CPOL-PhPh₃-xP(OPh)₃ 及 Rh/CPOL-PhPh₃-BP&xP(OPh)₃ 催化剂的稳定性实验结果。从图中可以看出，含有双膦配体 biphephos 的催化剂的反应活性及戊醛的正异比均要优于 Rh/CPOL-PhPh₃-2.6P(OPh)₃ 催化剂的。对于催化反应性能优异的 Rh/CPOL-PhPh₃-BP&xP(OPh)₃ 系列催化剂，可以发现随着 P 元素含量的增加，催化剂的稳定性提高。

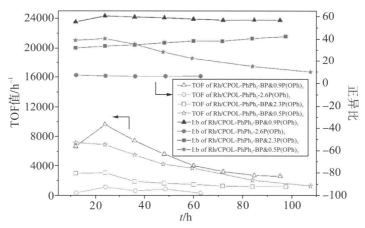

图 5.3　Rh/CPOL-PhPh₃-xP(OPh)₃ 及 Rh/CPOL-PhPh₃-BP&xP(OPh)₃ 催化剂上 1-丁烯氢甲酰化反应稳定性实验

例如，当 P(OPh)₃ 配体含量为 0.5 mmol/g 时［Rh/CPOL-PhPh₃-BP&0.5P(OPh)₃］，随着反应时间增加，戊醛的正异比先增加后逐渐下降，反应 108 h 时，戊醛的正异比降为 9.9，这可能是因为醛醛缩合产生的水，导致 P(OPh)₃ 配体水解，进而导致与 Rh 配位的 P(OPh)₃ 配体数目减少，所以戊醛正异比逐渐下降。当 P(OPh)₃ 配体含量增加至 0.9 mmol/g 时［Rh/CPOL-PhPh₃-BP&0.9P(OPh)₃］，戊醛的正异比先增加后降低，之后 96 h 内一直维持在 56 左右，而戊醛的 TOF 值先增加后下降，后来维持在 3000 h⁻¹ 左右；当 P(OPh)₃ 配体含量继续增加至 2.3 mmol/g 时［Rh/CPOL-PhPh₃-BP&2.3P(OPh)₃］，催化剂的活性先增至 2991.6 h⁻¹ 后下降，在接下来的 60~96 h 时间段内保持在 1100 h⁻¹ 左右，而醛正异比在 0~96 h 时间段内，也从 32 逐渐缓慢增加至 42。但是在 0~96 h 时间段内，Rh/CPOL-PhPh₃-

BP&0.9P(OPh)₃ 催化剂的反应活性及正异比均优于 Rh/CPOL-PhPh₃-BP&2.3P(OPh)₃ 催化剂的。

5.3 不同 P(OPh)₃ 配体含量催化剂的表征

5.4.1 不同 P(OPh)₃ 配体含量聚合物的 N₂ 物理吸附表征

CPOL-PhPh₃-xP(OPh)₃ 及 CPOL-PhPh₃-BP&xP(OPh)₃ 聚合物的 BET 比表面积结果见表 5.4。从表中可以看出，随着 P(OPh)₃ 配体含量的增加，聚合物的比表面积和总孔容在逐渐降低。对于 CPOL-PhPh₃-0.5P(OPh)₃ 聚合物，其比表面积和孔体积相对最大，分别为 1209 m²/g 和1.32 cm³/g，随着 P 元素含量增加，CPOL-PhPh₃-2.6P(OPh)₃ 聚合物的比表面积和孔体积分别降为 860 m²/g 和 0.96 cm³/g。对于 CPOL-PhPh₃-BP&0.5P(OPh)₃ 聚合物，比表面积和孔体积分别为 1133 m²/g 和 1.39 cm³/g，随着 P(OPh)₃ 配体含量的增加，CPOL-PhPh₃-BP&2.3P(OPh)₃ 聚合物的比表面积和孔体积分别降为 635 m²/g 和 0.72 cm³/g。

图 5.4 和 5.5 分别给出了 CPOL-PhPh₃-xP(OPh)₃ 和 CPOL-PhPh₃-BP&xP(OPh)₃ 系列聚合物的 N₂ 吸附等温曲线和孔径分布曲线。从图 5.4（A）和图 5.5（A）中可以看出，CPOL-PhPh₃-xP(OPh)₃ 和 CPOL-PhPh₃-BP&xP(OPh)₃ 聚合物均显示出了 I 和 Ⅳ 型的叠加型，表明聚合物具有多级孔道结构，微孔和介孔同时存在；对于 CPOL-PhPh₃-BP&xP(OPh)₃ 聚合物 [图 5.5（A）]，随着 P(OPh)₃ 配体含量的增加，高压区域（$P/P_0=0.7\sim1.0$）向低压（$P/P_0=0.4\sim1.0$）下降趋势愈加明显，表明聚合物中介孔含量有所减少。结合 CPOL-PhPh₃-BP&xP(OPh)₃ 聚合物的孔径分布曲线 [图 5.5（B）] 也可以看出，随着 P 含量增加，聚合物孔径分布向小微孔孔径方向移动。对于 CPOL-PhPh₃-xP(OPh)₃ 聚合物，当 P 含量从 1.0 mmol/g 增加至 2.1 mmol/g 时，聚合物孔径分布也向小微孔孔径方向移动。根据以上结果可以看出，P 元素含量的变化，对于 CPOL-PhPh₃-xP（OPh）₃ 和 CPOL-PhPh₃-BP&xP(OPh)₃聚合物的孔结构特征有一定的影响；总的来说，CPOL-PhPh₃-xP(OPh)₃和 CPOL-PhPh₃-BP&xP(OPh)₃ 系列聚合物具有较大的比表面积和多级孔道结构。

表 5.4　不同 P(OPh)₃ 配体含量的多孔有机聚合物的比表面积和孔体积数据

催化样品	BET 比表面积 (m²/g)	孔体积 (cm³/g)	催化样品	BET 比表面积 (m²/g)	孔体积 (cm³/g)
CPOL-PhPh₃-0.5P(OPh)₃	1209	1.32	CPOL-PhPh₃-BP&0.5P(OPh)₃	1133	1.39
CPOL-PhPh₃-1.0P(OPh)₃	1105	1.32	CPOL-PhPh₃-BP&0.9P(OPh)₃	900	1.03
CPOL-PhPh₃-1.5P(OPh)₃	950	1.11	CPOL-PhPh₃-BP&1.4P(OPh)₃	789	0.96
CPOL-PhPh₃-2.1P(OPh)₃	860	0.96	CPOL-PhPh₃-BP&1.9P(OPh)₃	749	0.85
CPOL-PhPh₃-2.6P(OPh)₃	838	0.94	CPOL-PhPh₃-BP&2.3P(OPh)₃	635	0.72

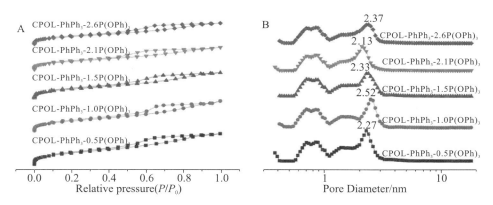

图 5.4　CPOL-PhPh₃-xP(OPh)₃ 系列聚合物的（A）N₂ 吸附等温曲线和（B）孔径分布曲线

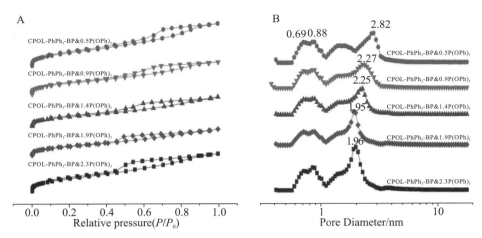

图 5.5　CPOL-PhPh$_3$-BP&xP(OPh)$_3$ 系列聚合物（A）N$_2$ 吸附等温曲线和（B）孔径分布曲线

5.3.2　不同 P(OPh)$_3$ 配体含量催化剂的原位 FT-IR 表征

图 5.6 给出了 Rh/CPOL-PhPh$_3$-xP（OPh）$_3$ 及 Rh/CPOL-PhPh$_3$-BP&xP(OPh)$_3$ 的原位 FT-IR 谱图。对于 Rh/CPOL-PhPh$_3$-xP(OPh)$_3$ 催化剂，当 P 元素含量为 2.6 mmol/g 时，可以观察到 2083 cm^{-1}、2044 cm^{-1}、2018 cm^{-1} 和 1993 cm^{-1} 四个吸收峰。其中 1993 cm^{-1} 和 2044 cm^{-1} 两个吸收峰可归属为 ea-［HRh(CO)$_2$(P(OPh)$_3$-PF)$_2$］物种，2083 cm^{-1}、2044 cm^{-1} 和 2018 cm^{-1} 可归属为［HRh(CO)$_3$(P(OPh)$_3$-PF)］物种，2044 cm^{-1} 可归属为［HRh(CO)(P(OPh)$_3$-PF)$_3$］物种，如图 5.7 和表 5.5 所示。［HRh(CO)$_3$(P(OPh)$_3$-PF)］物种由于与 Rh 配位的 CO 配体较多，P 配体较少，所以常常对应高的反应活性；而在 ea-［HRh(CO)$_2$(P(OPh)$_3$-PF)$_2$］和［HRh(CO)(P(OPh)$_3$-PF)$_3$］物种中，与 Rh 配位的 P 配体较多，所以 Rh 周围空间拥挤，有利于获得高的产品醛正异比。在 Rh/CPOL-PhPh$_3$-2.6P(OPh)$_3$ 催化剂中，根据吸收峰的强弱与相应浓度的对应关系，可以得出 ea-［HRh(CO)$_2$(P(OPh)$_3$-PF)$_2$］和［HRh(CO)(P(OPh)$_3$-PF)$_3$］物种的含量要高于［HRh(CO)$_3$(P(OPh)$_3$-PF)］物种，所以该催化剂应具有高的产品醛正异比和相对低的反应活性，这也与表 5.2 的实验结果相符。

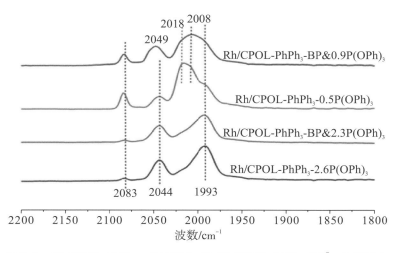

图 5.6　Rh/CPOL-PhPh₃-xP(OPh)₃ 及 Rh/CPOL-PhPh₃-BP&xP(OPh)₃
的原位 FT-IR 谱图

表 5.5 Rh/CPOL-PhPh₃-xP(OPh)₃ 和 Rh/CPOL-PhPh₃-BP&xP(OPh)₃
催化剂的原位红外峰归属

波数（cm⁻¹）	波峰归属	参考文献
2008	［Rh(acac)(CO)(BP&P(OPh)₃-PF)］或 ［Rh(acac)(CO)(P(OPh)₃−PF)₃］	［224］
2018，2044/2049，2083	［HRh(CO)₃(P(OPh)₃-PF)］	［225］
2049/2044	［HRh(CO)(BP&P(OPh)₃-PF)］或 ［HRh(CO)(P(OPh)₃-PF)₃］	［226］
1993，2044/2049	ea-［HRh(CO)₂(BP&P(OPh)₃-PF)］或 ea-［HRh(CO)₂(P(OPh)₃-PF)₂］	

　　当 P 元素含量减少至 0.5 mmol/g 时，在 Rh/CPOL-PhPh₃-0.5P(OPh)₃ 催化剂上可以观察到 2083 cm⁻¹、2044 cm⁻¹、2018 cm⁻¹、2008 cm⁻¹ 和 1993 cm⁻¹ 五个吸收峰，其中 2008 cm⁻¹ 吸收峰可归属为［Rh(acac)(CO)(P(OPh)₃-PF)₃］物种，其余吸收峰的归属与 Rh/CPOL-PhPh₃-2.6P(OPh)₃ 催化剂相同。另外，可以发现［HRh(CO)₃(P(OPh)₃-PF)］物种的含量要高于 ea-［HRh(CO)₂(P(OPh)₃-PF)₂］和［HRh(CO)(P(OPh)₃-PF)₃］物种，表明该催化剂应该具有高的催化活性和较低的产品醛正异比，这也与表 5.2 实验结果相符。也就是说，在 Rh/CPOL-PhPh₃-xP(OPh)₃ 催化剂上，随着 P 元素含量的增加，生成 ea-［HRh(CO)₂(P(OPh)₃-PF)₂］和［HRh(CO)(P(OPh)₃-PF)₃］物种越来越

多，而［HRh(CO)₃(P(OPh)₃-PF)］逐渐减少，所以催化剂的反应活性不断降低，产品醛正异比逐渐增加。

对于 Rh/CPOL-PhPh₃-BP&xP(OPh)₃ 催化剂，当 P(OPh)₃ 配体含量为 2.3 mmol/g 时，出现了 2083 cm⁻¹、2044 cm⁻¹、2018 cm⁻¹ 和 1993 cm⁻¹ 四个吸收峰，其中 1993 cm⁻¹ 和 2044 cm⁻¹ 两个吸收峰可归属为 ea-［HRh(CO)₂(BP&P(OPh)₃-PF)］物种，2083 cm⁻¹、2044 cm⁻¹ 和 2018 cm⁻¹ 三个吸收峰归属为［HRh(CO)₃(P(OPh)₃-PF)］物种，2044 cm⁻¹ 归属为［HRh(CO)(BP&P(OPh)₃-PF)］物种。可以发现在 Rh/CPOL-PhPh₃-BP&2.3P(OPh)₃ 催化剂中，两种膦配体共配位的物种要比仅有一种膦配体配位的物种含量高，即 ea-［HRh(CO)₂(BP&P(OPh)₃-PF)］和［HRh(CO)(BP&P(OPh)₃-PF)］物种要多于［HRh(CO)₃(P(OPh)₃-PF)］物种，而双齿膦配体 biphephos 因具有较好的 π－受体效应和较大的空间位阻，有利于该催化剂获得较高的戊醛正异比和良好的反应活性。当 P(OPh)₃ 配体含量降低至 0.9 mmol/g 时，出现了 2083 cm⁻¹、2049 cm⁻¹、2018 cm⁻¹、2008 cm⁻¹ 和 1993 cm⁻¹ 五个吸收峰，其中 2008 cm⁻¹ 可归属为［Rh(acac)(CO)(BP&P(OPh)₃-PF)］物种，其余吸收峰归属与 Rh/CPOL-PhPh₃-BP&2.3P(OPh)₃ 催化剂相同，但是活性物种的相对含量不同。在 Rh/CPOL-PhPh₃-BP&0.9P(OPh)₃ 催化剂上，各种活性物种的含量均很高（与吸收峰的峰面积有关），正是这些大量的类似均相的 Rh—P 配位物种产生的协同作用，使催化剂具有最高的催化反应活性及戊醛正异比。

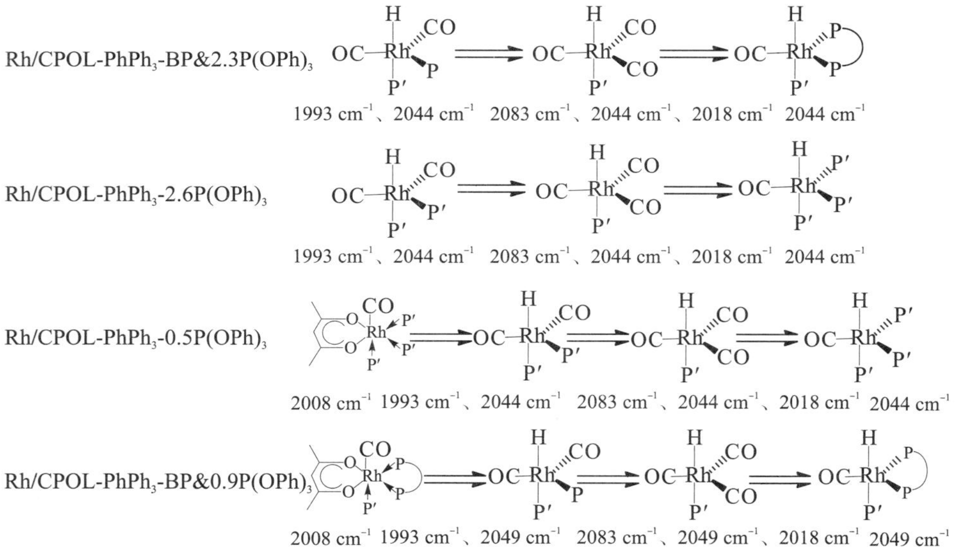

图 5.7　Rh/CPOL-PhPh₃-xP(OPh)₃ 和 Rh/CPOL-PhPh₃-BP&xP(OPh)₃ 催化剂的合成气吸附原位红外峰物种种类及动态平衡

5.4　本章小结

（1）选用 3v-PhPh₃ 为交联剂，通过调控 POL-P（OPh）₃ 和 CPOL-BP&P（OPh）₃ 聚合物中 P（OPh）₃ 配体含量，制备出一系列不同膦配体含量的 CPOL-PhPh₃-xP（OPh）₃ 和 CPOL-PhPh₃-BP&xP（OPh）₃ 聚合物，研究发现随着 P（OPh）₃ 配体含量的增加，比表面积、孔体积和孔径分布均发生一定规律的变化。

（2）制备出的 Rh/CPOL-PhPh₃-xP（OPh）₃ 催化剂在 1-丁烯氢甲酰化反应中，随着 P 元素含量的增加，催化剂的反应活性在逐渐降低，正戊醛的选择性在逐渐增加；对于 Rh/CPOL-PhPh₃-BP&xP（OPh）₃ 催化剂，随着 P（OPh）₃ 配体含量的增加，催化剂的反应活性先增加后降低，醛正异比变化规律与此一致。研究发现，Rh/CPOL-PhPh₃-BP&xP（OPh）₃ 催化剂的反应活性及正异比均要优于相应的 Rh/CPOL-PhPh₃-xP（OPh）₃ 催化剂。

（3）Rh/CPOL-PhPh₃-xP（OPh）₃ 和 Rh/CPOL-PhPh₃-BP&xP（OPh）₃ 催化剂中 P（OPh）₃ 配体含量的变化对于其反应的稳定性能影响较大。总体来说，在一定范围内，适当高浓度的 P（OPh）₃ 配体含量，有助于提高反应活性及醛正异比的稳定性。

（4）氮气吸脱附表征证明，随着 P（OPh）₃ 配体含量的增加，CPOL-PhPh₃-xP（OPh）₃ 和 CPOL-PhPh₃-BP&xP（OPh）₃ 聚合物载体的比表面积和孔体积在逐渐减少；对于 CPOL-PhPh₃-BP&xP（OPh）₃ 聚合物，随着 P（OPh）₃ 配体含量的增加，大介孔含量在逐渐减少。

（5）原位红外表征证明在 Rh/CPOL-PhPh₃-xP（OPh）₃ 和 Rh/CPOL-PhPh₃-BP&xP（OPh）₃ 催化剂上均形成了类似于均相的五配位三角双锥 Rh—P 活性物种。

（6）对于 Rh/CPOL-PhPh₃-xP（OPh）₃ 催化剂，随着 P 元素含量的增加，与 Rh 配位的 P 配体数目逐渐增加，空间位阻增大，所以对应的催化剂反应活性逐渐降低，醛正异比逐渐升高。

（7）对于 Rh/CPOL-PhPh₃-BP&xP（OPh）₃ 催化剂，Rh 物种与骨架中的两种膦物种均配位，随着 P 元素含量的增加，Rh 和周围两个 P 或三个 P 配体配位的活性物种和 Rh 仅配位 1 个 P 的活性物种存在动态平衡，而且当 P 元素含量为 0.9 mmol/g 时，催化剂上存在的各种活性物种最为丰富，由于 biphephos 配体大的空间位阻及较好的 π-受体效应，所以该催化剂具有最高的催化活性和醛正异比。

第6章 多功能镁卟啉/季膦盐共聚物多相催化剂的制备及其在 CO_2 与环氧化合物加成反应中的应用

在 CO_2 转化技术中，CO_2 与环氧化合物环加成反应制备环碳酸酯的技术是最成功的例子之一。该反应实现了 CO_2 的"变废为宝"，产品环状碳酸酯可以用作极性非质子溶剂、锂离子电池电解质及合成聚碳酸酯等聚合材料的单体等。因为 CO_2 分子的高热稳定性及低反应活性，该反应通常需要严苛的反应条件，所以需要研究和开发各种催化剂来解决上述问题。目前主要的催化技术有均相催化体系和多相催化体系两大类。均相催化体系，活性较好的主要有Salen-金属化合物、金属-卟啉络合物以及铵的酚盐等，但它们都需要添加离子液体或有机胺盐等作为共催化剂，而共催化剂需要独立分离且分离困难，这样会增加烦琐的纯化过程，导致生产成本增加。把卟啉或 Salen-金属化合物和有机铵盐集成于同一化合物中，得到的单组分多功能催化剂在 CO_2 与环氧化合物环加成反应中可以表现出极高的催化性能。但是，这些均相催化剂往往较难合成，而且催化剂回收使用困难，所以需要研究开发多相催化剂来解决上述问题。目前已报道的多相催化体系，虽然解决了催化剂分离回收的问题，但是由于催化剂活性降低较快，常常需要额外添加 TBAB 作为助催化剂，这将使分离操作过程变得烦琐复杂。

基于上述原因，在本章中，我们设计合成了基于金属镁卟啉及季膦盐的单组分多功能多相多孔有机聚合物催化剂材料 Mg-por/pho@POP，探究了其在 CO_2 与环氧化合物加成制备环碳酸酯反应中的催化性能。结合多种表征技术，探究了该催化剂上 CO_2 与环氧化合物协同催化的转化性能及其与结构的对应关系。

6.1　Mg-por/pho@POP 等催化剂的制备

6.1.1　Mg-TSP 和 $3vP^+Br^-$ 单体的合成

所有操作均是 Ar 氛围保护下在手套箱或 Schlenk 装置上进行的。所有试剂均经过 Na 和 CaH_2 回流脱水和 Ar 氛围保护脱氧处理。

TSP 的合成过程参见文献 [193]，Mg-TSP 单体的合成步骤如下：将 1.15 g TSP（1.6 mmol）和 80 mL CH_2Cl_2 加入圆底烧瓶中，然后再加入 4.5 mL 三乙胺（3.2 mmol）和 4.13 g 乙醚溴化镁（16 mmol）。在室温下搅拌，15 min 后，通过 TLC 监测是否有金属化的 TSP 单体生成。反应完成后，反应液用 250 mL CH_2Cl_2 稀释，5% $NaHCO_3$ 洗涤，无水硫酸钠干燥，滤液浓缩，粗产品经氧化铝柱层析进行分离得 Mg-TSP 单体。

$3vP^+Br^-$ 是用 3v-PPh_3 与 C_2H_5Br 在高压釜中通过搅拌合成[194]。具体合成过程为：在手套箱中，将 1.36 g 3v-PPh_3（4 mmol）和 5.23 g C_2H_5Br（48 mmol）放入 30 mL 的带有磁力搅拌的高压釜中，并且快速地将釜密封好。高压釜随即被加热到 60℃，磁力搅拌 48 h。将釜冷却至室温，用布氏漏斗过滤，产品用 THF 清洗 2~3 次。得到的白色固体在 65℃下真空干燥 5 h，最终得到季膦盐产品 $3vP^+Br^-$。图 6.1 给出了本章中所用的单体结构。

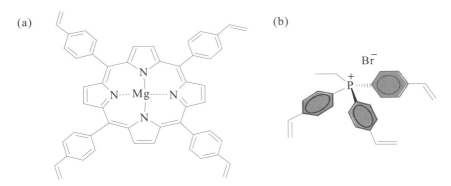

图 6.1　构建聚合物所用单体结构 (a) Mg-TSP；(b) $3vP^+Br^-$

6.1.2　Mg-por/pho@POP 等催化剂的制备

Mg-por/pho@POP 催化剂是通过溶剂热聚合方式在高压釜中合成，如图 6.2 所示。在手套箱中，0.74 g Mg-TSP（1 mmol）和 4.49 g $3vP^+Br^-$

（10 mmol）放入带有聚四氟乙烯内衬的 50 mL 高压釜中，加入 30 mL 无水 N,N-二甲基甲酰胺（DMF）充分溶解后，再加入 523 mg 引发剂 AIBN，将釜密封好，并将其转移至 200℃烘箱里静置 72 h。冷却至室温后，100℃真空抽除溶剂 DMF，得到紫褐色固体，产率接近 100%，命名为 Mg-por/pho@POP 聚合物催化剂。该催化剂上金属 Mg 负载量用电感耦合等离子体原子发射吸收光谱（ICP-OES）进行测试，测得的 Mg 含量为 0.38%（质量分数），与理论值 0.45% 接近。

POL-P$^+$Br$^-$ 催化剂的制备：在手套箱中，将 4.49 g 3vP$^+$Br$^-$（10 mmol）单体放入带有聚四氟乙烯内衬的 50 mL 高压釜中，加入 30 mL 无水 N,N-二甲基甲酰胺（DMF）充分溶解后，再加入 449 mg 引发剂 AIBN，将釜密封好，并将其转移至 200℃烘箱里静置 72 h。冷却至室温后，100℃真空抽除溶剂 DMF，得到黄白色固体，产率接近 100%，命名为 POL-P$^+$Br$^-$ 催化剂。

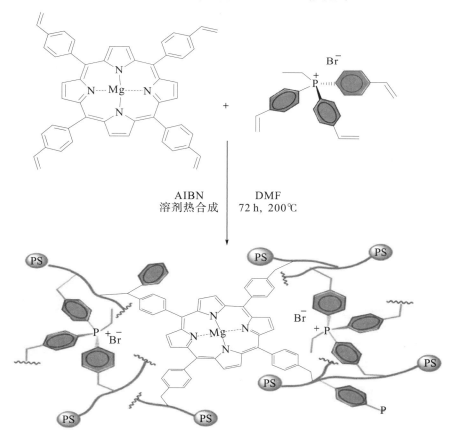

图 6.2　Mg-por/pho@POP 催化剂的合成示意

6.3　Mg-por/pho@POP 等催化剂上 CO₂ 与环氧化合物的反应性能

环氧化合物与 CO_2 制备环碳酸酯的反应是在 25 ml 的高压釜中进行。将反应物环氧丙烷，Mg-por/pho@POP 催化剂，加入反应釜中，原料环氧化合物和催化剂的物质的量比为 20000：1。先用 CO_2 置换釜内气体 6 次，用调压阀将压力设定为 3 MPa 作为初始反应压力。然后将高压釜放置于油浴锅内，加热搅拌升温至 120℃，反应 1 h。反应结束后将釜水冷至室温，开釜缓慢释放釜内压力，催化剂通过过滤或离心方法分离。加入正丁醇做内标后，反应液在配备 HP-5 毛细管柱、氢离子火焰检测器（FID）的 Aglient 7890A 气相色谱仪上进行分析。色谱预先用已知量的原料、产品和内标的纯品进行校正。催化剂循环使用时，用甲醇洗涤过滤分离出来的催化剂，可直接用于下一次反应。色谱运行参数如下：柱箱温度为 40℃并保持 5 min，再以 10℃/min 升温至 150℃，保持 2 min，使用 He 作为载气。

柱前压维持在 26.7 kPa，气体分流比设定为 50：1。进样口温度维持在 250℃，37.2 kPa。此外，FID 检测器温度保持在 250℃，H_2 和空气流速分别维持在 30 mL/min 和 300 mL/min。

6.3　Mg-por/pho@POP 等催化剂上 CO₂ 与环氧化合物的反应结果

表 6.1 给出了在没有共催化剂存在的条件下，Mg-por/pho@POP 催化剂上 CO_2 与环氧丙烷制备环碳酸酯反应的反应性能结果。首先，我们探究了反应条件（CO_2 压力和温度）对 Mg-por/pho@POP 催化剂在该反应中催化性能的影响。由于 Mg-por/pho@POP 密度较小，在环氧丙烷中表现出极好的分散性，因此，催化剂和环氧化合物用量分别设定为 50 mg（0.008 mmol 和 160 mmol）。在 120℃下，增加 CO_2 压力，结果显示在该催化剂上生成环碳酸酯的产率从 48% 增加到 62%，TOF 值从 9600 h^{-1} 增加到 12400 h^{-1}（表 6.1，entry 1~3）。其次，我们又考察了在 3 MPa 下，反应温度对催化性能的影响。发现在 100℃ 时，产率和 TOF 值较低，分别为 55% 和 11000 h^{-1}（表 6.1，entry 6）。随着反应温度的增加，产率和 TOF 值不断增加，特别是在 140℃，TOF 值可以达到 15600 h^{-1}（表 6.1，entry 7），是目前报道的多相催化体系最

高的 TOF 值。最后，延长反应时间到 2 h，反应产率可提高到 90%（表 6.1，entry 11）。当不添加催化剂时，并没有发现环碳酸酯的产生（表 6.1，entry 4）。为了对比，我们也合成了仅含有季鏻盐组分的 POL-P$^+$Br$^-$ 催化剂，当使用该催化剂时，同样是在 120℃，3 MPa 条件下，发现环碳酸酯的产率仅为 3%（表 6.1，entry 5），表明在 Mg-por/pho@POP 催化剂上，Mg-卟啉物种起着非常重要的作用。

接下来，我们也探究了 CO_2 与其他环氧化合物制备环碳酸酯的反应。当环氧氯丙烷为原料时，转化生成环碳酸酯的 TOF 值可达 13400 h^{-1}（表 6.1，entry 8）；但是氧化苯乙烯和 1,2-环氧己烷的转化活性比较低（表 6.1，entry 9 和 10），这可能是由于氧化苯乙烯的空间位阻和电子效应以及 1,2-环氧己烷的大分子尺寸等因素造成的。值得一提的是，即使在温度升至 140℃时，这些反应均具有高的环碳酸酯选择性（大于 98%），这可能是 Mg-por/pho@POP 催化剂材料中的微孔可以富集高浓度 CO_2 的原因。

表 6.1 Mg-por/pho@POP 催化剂上 CO_2 与环氧化合物制备环碳酸酯的反应性能

Entry	Epoxide	$P(CO_2)$ /MPa^b	T/℃	产率/%	TOF 值/h^{-1}
1^c	1	1	120	48	9600
2^c	1	2	120	53	10600
3^c	1	3	120	62	12400
4^{c,d}	1	3	120	trace	—
5^{c,e}	1	3	120	3	600
6^c	1	3	100	55	11000
7^c	1	3	140	78	15600
8^f	2	3	140	67	13400
9^f	3	3	140	36	7200

续表

Entry	Epoxide	$P(CO_2)$ /MPa[b]	T/℃	产率/%	TOF 值/h^{-1}
10[f]	4	3	140	30	6000
11[c,g]	1	3	140	90	9000

[a] 反应条件：环氧化合物（160 mmol），催化剂 Mg-por/pho@POP（50 mg），底物与催化剂是物质的量之比为 20000∶1（催化剂量等同于卟啉镁化合物的量，根据 ICP 测试得知 Mg 含量），反应时间 1 h，产品环碳酸酯的选择性均大于 98%；[b] 压力是一致的，通过调压阀实现；[c] 产率通过 GC 分析获得，正丁醇为内标物；[d] 无催化剂；[e] 催化剂是聚季膦盐；[f] 分离产率；[g] 2 h。

另外，图 6.3 给出了 Mg-por/pho@POP 催化剂在釜式反应中的循环使用实验结果。从图中可以看出，五次循环使用中催化剂的活性基本上不变，环碳酸酯的产率维持在 75% 左右，表明该催化剂可以进行良好的循环使用。而且 ICP-OES 测试结果显示，五次循环使用后的催化剂，金属 Mg 含量（质量分数）仍为 0.37%，非常接近新鲜催化剂的负载量（0.38%），表明反应前后活性金属 Mg 物种几乎没有流失。

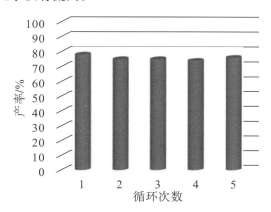

图 6.3　Mg-por/pho@POP 催化剂釜式反应的循环使用结果

反应条件：环氧化合物（160 mmol），140℃，3 MPa，50 mg 催化剂，底物与催化剂的物质的量之比为 20000∶1（催化剂量等同于卟啉镁化合物），反应时间 1 h。

尽管 Mg-por/pho@POP 催化剂在 CO_2 制备环碳酸酯反应中表现出很好的高温反应活性，但是我们也希望探究其更有吸引力的低温反应的反应性能。实现 CO_2 在温和反应条件下的转化，一直是 CO_2 转化与利用的终极目标。目前为止，关于室温常压下实现 CO_2 与环氧化合物制备环碳酸酯反应高活性转化的报道还比较少。少数的报道包括 2013 年邓伟桥课题组[236] 报道了一类基于

Salen-金属化合物的高效共轭微孔聚合物催化剂材料（CMPs），这种材料在25℃时，催化反应的 TON 可达 200 左右。最近，Ema 等合成了一种双功能均相卟啉-Zn 化合物，在 20℃，1 个标准大气压的 CO_2 压力下，反应获得的 TON 值为 1640。对比以上结果，我们设计合成出的 Mg-por/pho@POP 催化剂在温和的反应条件下，实现了 CO_2 制备环碳酸酯反应的高效率转化。由表6.2 可知，在 40℃时，反应获得非常高的 TON 值（14400，表 6.2，entry 1），即使在 25℃时，该催化剂的 TON 值也可以达到 4200（表 6.2，entry 2）。当反应压力从 1.0 MPa 降低到 0.5 MPa 时，TON 值也从相应的 14400 降到11200（40℃，表 6.2，entry 3），4200 降到 3400（25℃，表 6.2，entry 4）。最后，我们选择在 25℃，0.1 MPa 反应条件下，评价 Mg-por/pho@POP 催化剂上 CO_2 与环氧化合物的转化反应，获得的 TON 值也比较高，为 2400（表6.2，entry 5）。从以上结果得知，Mg-por/pho@POP 多相催化剂可能能够真正成为节约能耗、实现 CO_2 高效转化的催化材料。

表 6.2　25℃和 40℃时 Mg-por/pho@POP 催化剂上 CO_2 转化制备环碳酸酯的催化性能

Entry	$P(CO_2)$ /MPa[b]	T/℃	产率[c]（%）	TOF 值/h^{-1}	TON
1	1	40	72	300	14400
2	1	25	21	87.5	4200
3	0.5	40	56	233	11200
4	0.5	25	17	71	3400
5	0.1	25	12	50	2400

[a] 反应条件：环氧化合物（160 mmol），催化剂 Mg-por/pho@POP（50 mg），底物与催化剂的物质的量之比为 20000:1（催化剂量等同于卟啉镁化合物，通过 ICP 测试得到 Mg含量），反应时间为 48 h，产品环碳酸酯选择性均大于 98%；[b] 压力是一致的，根据调压阀实现；[c] 产率通过气相色谱分析，使用正丁醇为内标物。

6.4　Mg-por/pho@POP 等催化剂的表征

6.4.1　Mg-por/pho@POP 等催化剂的固体[13]C MAS NMR 表征

图 6.4 给出了 Mg-por/pho@POP 催化剂的固体[13]C MAS NMR 谱图。从图中可以看出，131~150 ppm 处的峰可归属于芳环基团（包括苯环和吡咯环）上的碳原子；29 ppm 和 42 ppm 处的峰可归属于聚合物骨架中已聚合的乙烯基单元 "—CH_2CH_2—"；7 ppm 处的峰可归属于 $3vP^+ Br^-$ 单体上的乙基基团。这些结果证明已成功合成了该催化剂材料。

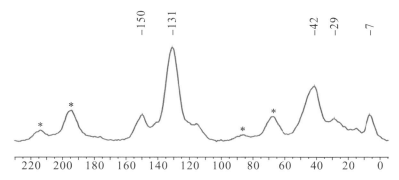

图 6.4　Mg-por/pho@POP 催化剂的固体[13]C MAS NMR 谱图

注：＊代表旋转边带。

6.4.2　Mg-por/pho@POP 等催化剂的固体[31]P MAS NMR 表征

从图 6.5 给出的 Mg-por/pho@POP 催化剂的固体[31]P MAS NMR 谱图中可以看出，出现在 24.42 ppm 处的峰可归属为 $3vP^+ Br^-$ 单体中的 P 元素。说明在聚合过程中，季膦盐基团中的 P 元素是稳定的，并成功集成于 Mg-por/pho@POP 多孔有机聚合物催化剂中。

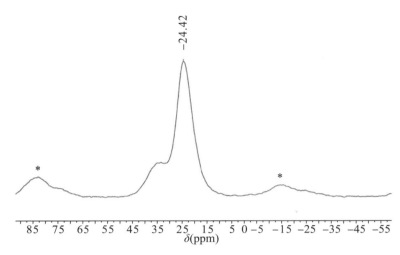

图 6.5　Mg-por/pho@POP **催化剂的固体**[31] P MAS NMR **谱图**

注：＊代表旋转边带

6.5.3　Mg-por/pho@POP 等催化剂的 N_2 物理吸附表征

图 6.6 分别给出了 Mg-por/pho@POP 催化剂的物理吸附曲线和孔径分布曲线。从图 6.6（A）可以看出，该催化剂呈现出了 Ⅰ 和 Ⅳ 型的叠加曲线，表明其具有多级孔道结构特征。另外，根据 BET 法计算出的比表面积和总孔容分别为 558 m^2/g 和 0.55 cm^3/g（表 6.3）。而根据 NLDFT 法计算出的孔径分布曲线如图 6.6（B）所示，也可以得出该催化剂具有多级孔道结构特征，且孔径主要分布在 0.84 nm、1.42 nm、2.17 nm 和 4.21 nm 处。

表 6.3　Mg-por/pho@POP **催化剂的比表面积及孔体积数据**

Samples	Ligands	BET 比表面积 （m^2/g）	孔体积 （cm^3/g）
Mg-por/pho@POP	Mg-TSP&-3vP$^+$Br$^-$	558	0.55

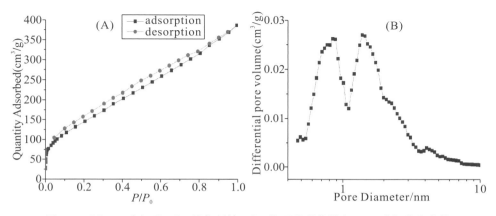

图 6.6 Mg-por/pho@POP 催化剂的（A）物理吸附曲线和（B）孔径分布曲线

6.4.4 Mg-por/pho@POP 等催化剂的 SEM 和 TEM 表征

图 6.7 为 Mg-por/pho@POP 催化剂的 SEM 图和 TEM 图，进一步证明了该催化剂中存在多级孔道结构和粗糙的表面。这种多级孔道结构非常有利于反应物和产物的扩散，特别是在涉及气体参与的反应中。从图 6.8 Mg-por/pho@POP 催化剂的 SEM-EDX mapping 表征可以看出，Mg、Br、N 和 P 这些功能性元素在催化剂上是均匀分散的，表明这些活性功能元素完整均匀地集成在该催化剂上，而这种功能元素在微孔中集成的特征，有利于为 CO_2 转化过程提供一种有优势的协同催化环境。

图 6.7 Mg-por/pho@POP 催化剂的（A）SEM 图和（B）TEM 图

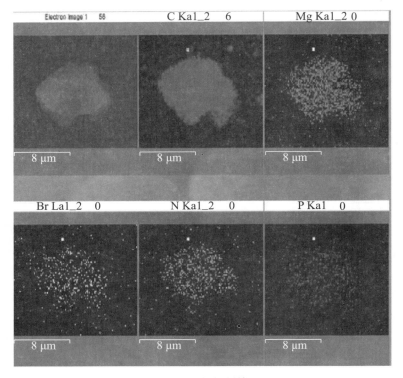

图 6.8 Mg-por/pho@POP 催化剂的 SEM-EDX mapping

6.4.5 Mg-por/pho@POP 等催化剂的 TG 表征

Mg-por/pho@POP 催化剂的 TG 分析曲线如图 6.9 所示。从图中可以看出，Mg-por/pho@POP 催化剂在 300℃开始失重，但在 300℃以下未出现骨架坍塌等现象，表明该催化剂具有良好的热稳定性。

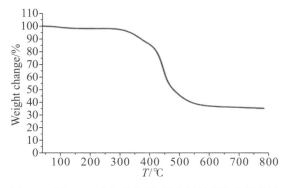

图 6.9 Mg-por/pho@POP 催化剂的 TG 分析曲线

值得一提的是，该催化剂还具有以下特征：①骨架中丰富的 N 和 P 元素有助于增加 CO_2 的吸附，即提高 CO_2 的捕获能力；②该多孔有机聚合物催化剂中存在的纳米尺寸的多级孔可以有效地捕集和限定反应物，因此活性位点周围反应物的浓度要比均相溶液状态下高；③通过溶剂热方法合成的含有乙烯基官能团的聚合物常在有机溶剂中表现出一定的溶胀性能，而溶胀的聚合物可以被认为是部分处于类溶液的状态。以上这些特征可以很好地解释为什么该催化剂具有高的 CO_2 与环氧化合物反应催化活性。

6.5　Mg-por/pho@POP 等催化剂的反应机理

根据以上实验结果和文献报道结果，我们提出了一种在 Mg-por/pho@POP 催化剂上 CO_2 催化转化制备环碳酸酯的可能的双活化协同催化转化机理。在该催化转化过程中，Mg-por/pho@POP 催化剂中的 Mg—TSP 基团充当 Lewis 酸，3vP⁺Br⁻ 单体上的 Br⁻ 充当亲核试剂，而聚合物骨架中的 P、N 原子可以作为 CO_2 捕集位点。如图 6.10 所示，首先是 Mg—TSP 位点活化环氧化合物原料，产生具有强 δ⁻ 电荷的中间体，并存在于多孔有机聚合物限定的微孔中；之后亲核试剂向空间位阻小的 C 原子进攻，产生烃氧基化合物；然后烃氧基化合物中的 O⁻ 进攻 CO_2，形成环状碳酸酯结构的中间体；紧接着发生分子内取代反应，生成环碳酸酯产物，同时 Mg-por/pho@POP 催化剂得到了再生。

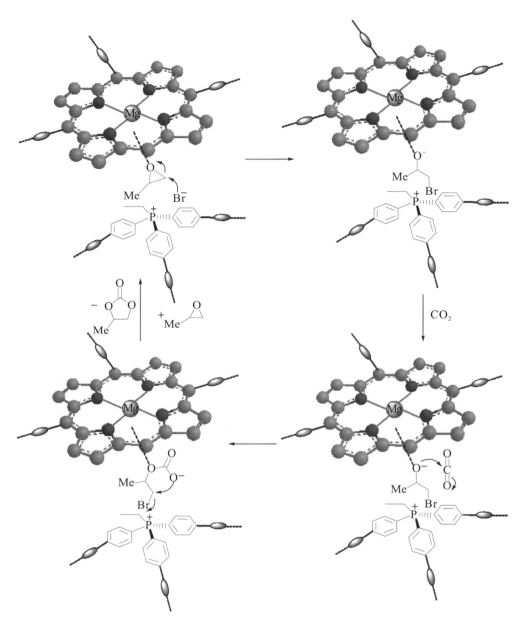

图 6.10　Mg-por/pho@POP 催化剂上 CO_2 催化转化制备环碳酸酯的协同催化转化机理

6.6　本章小结

（1）通过溶剂热聚合法，首次成功合成了基于金属卟啉和季膦盐的单组分多功能多孔有机聚合物多相催化剂 Mg-por/pho@POP，该催化剂具有多级孔道结构，较大的比表面积、良好的热稳定性和均匀分布的多功能位点。

（2）Mg-por/pho@POP 催化剂通过季膦盐和 Mg-卟啉两种功能位点的协同效应，在 CO_2 与环氧丙烷制备环碳酸酯反应中表现出良好的催化效果。在不添加共催化剂的条件下，可以获得非常高的环碳酸酯产率（78%）和 TOF 值（15600 h^{-1}）。

（3）探究了反应温度、CO_2 初始压力和反应时间对 Mg-por/pho@POP 催化剂上 CO_2 与环氧丙烷加成反应活性的影响。通过物理吸附、电镜等表征证明了催化剂具有高活性的原因是由于其具有多级孔道结构、优异的 CO_2 富集能力和均匀分散的活性中心位点间的协同作用。

（4）在温和的反应条件下（25℃和 1 atm），Mg-por/pho@POP 催化剂可以实现 CO_2 与环氧丙烷的高活性转化，TON 值为 2400。

（5）Mg-por/pho@POP 催化剂在 CO_2 与环氧化合物加成制备环碳酸酯反应中显示出良好的原料适用性，且催化剂循环使用 5 次活性未见明显下降。

第7章 结 论

首先，本书探究了不同种类多孔有机聚合物催化剂在 C4 烯烃氢甲酰化反应中的催化性能，采用多种物化表征技术探讨了 Rh/CPOL-BP&P 催化剂具有高催化活性、高区域选择性和良好稳定性的原因。其次，合成了 3v-P(OPh)₃ 单体，采用溶剂热法制备了新型含膦多孔有机共聚物 CPOL-BP&P(OPh)₃，通过浸渍法制备了聚合物自负载型的新型 Rh 基多相 Rh/CPOL-BP&P(OPh)₃ 催化剂，并将其用于 1-丁烯氢甲酰化反应中，利用原位红外、固体核磁、XPS 等表征手段揭示了该催化剂具有较好反应性能的原因。此外，合成了不同 P(OPh)₃ 配体含量的 Rh/CPOL-PhPh₃₋x(POPh)₃ 和 Rh/CPOL-PhPh₃-BP& xP(OPh)₃ 催化剂，研究了膦配体含量对催化剂反应性能的影响。最后，利用溶剂热聚合法，制备了基于金属卟啉和季膦盐等单组分多功能位点的多孔有机聚合物多相 Mg-por/pho@POP 催化剂，研究了该催化剂在 CO_2 环加成反应中的协同催化效应。我们得出以下结论：

（1）利用溶剂热聚合法，将 2v-biphephos 单体和 3v-PPh₃ 共聚合成了含膦多孔有机聚合物及其自负载的 Rh/CPOL-BP&P 催化剂，在 1-丁烯氢甲酰化反应中表现出高的催化活性（TOF 值＝11200 h⁻¹）、高的区域选择性（正异比＝62.2）和良好的稳定性（连续运行 1000 h 后，其 TOF 值仍高达 1000 h⁻¹ 以上）。另外，当反应原料为 2-丁烯和混合 C4 烯烃时，该催化剂仍可以获得较高的区域选择性。

（2）氮气物理吸附、SEM 和 TEM 等表征证明该催化剂具有高的比表面积及多级孔道结构，有利于反应物和产物的扩散以及活性物种的分散，进而提高催化反应活性；HAADF-STEM 表征证明在 Rh/CPOL-BP&P 催化剂上，活性中心金属 Rh 呈现单原子分散状态；固体核磁和 XPS 等表征证明了金属 Rh 物种与聚合物骨架中的两种 P 物种同时发生了配位作用；原位 FT-IR 表征进一步证实 Rh 与两种 P 物种形成了独特的 Rh—P 配位键。与均相经典的 ee 和 ea 异构体活性物种相比，Rh 与两种膦配体同时配位的模式，使得 Rh 周围具有较大的空间位阻，因而产品醛的区域选择性较高。催化剂骨架中存在大量丰富的 PPh$_3$ 单体，有利于与 Rh 形成多重 Rh—P 配位键，稳固活性 Rh 中心，使其不易流失，进而提升稳定性能。

（3）相比 3v-PPh$_3$ 配体，单齿亚磷酸酯配体 3v-P(OPh)$_3$ 不仅具有较好的 π－受体效应，而且不易氧化，易于合成，可显著降低配体合成的成本。利用溶剂热聚合法，将 3v-P(OPh)$_3$ 和 2v-biphephos 配体共聚合成了具有多级孔道结构、大比表面积和良好热稳定性的含膦多孔有机聚合物及其自负载的 Rh/CPOL-BP&P(OPh)$_3$ 催化剂，该催化剂在 1-丁烯氢甲酰化中表现优异，获得了较高的催化活性（TOF 值＝1088～4957 h^{-1}）、高的产品醛正异比（40.0）和良好的稳定性。

（4）固体^{31}P MAS NMR 和 XPS 等表征证明 Rh 物种与聚合物骨架中的两种 P 物种均发生了配位作用，原位 FT-IR 表征证实在 Rh/ CPOL-BP&P(OPh)$_3$ 催化剂上形成了类均相的三角双锥 Rh—P 活性物种。根据活性物种的变化情况，发现在聚合物骨架中 Rh 物种倾向于同两种 P 物种配位，而非其中的一种。正是由于这种独特的 Rh—P 配位键，使得 Rh 周围的立体效应更加显著，非常有利于正构醛的产生，因此醛的正异比更高。而高的催化活性可归因于 Rh 与两种 P 物种配位形成的三种 Rh—P 活性物种的协同作用。

（5）制备出一系列不同膦配体含量的 CPOL-PhPh$_3$-xP(OPh)$_3$ 和 CPOL-PhPh$_3$-BP&xP(OPh)$_3$ 聚合物，负载金属 Rh 后，得到的 Rh/CPOL-PhPh$_3$-xP(OPh)$_3$ 催化剂在 1-丁烯氢甲酰化反应中，随着 P 元素含量的增加，催化剂的反应活性逐渐降低而戊醛的选择性逐渐增加。对于 Rh/CPOL-PhPh$_3$-BP&xP(OPh)$_3$ 催化剂，随着 P(OPh)$_3$ 配体含量的增加，催化剂的反应活性先增加后降低，且醛正异比变化规律与此一致。Rh/CPOL-PhPh$_3$-BP&xP(OPh)$_3$ 催化剂的反应活性及其醛正异比均要优于相应的 Rh/CPOL-PhPh$_3$-xP(OPh)$_3$ 催化剂。另外，P(OPh)$_3$ 配体含量的变化对于反应的稳定性能影响较大。

（6）原位红外表征证明在 Rh/CPOL-PhPh$_3$-xP(OPh)$_3$ 和 Rh/CPOL-PhPh$_3$-BP&xP(OPh)$_3$ 催化剂上均形成了类均相的五配位三角双锥 Rh—P 活性物种。对于 Rh/CPOL-PhPh$_3$-xP(OPh)$_3$ 催化剂，随着 P 元素含量的增加，Rh 和周围 P 配体配位的数目逐渐增加，空间位阻增大，所以对应的反应活性逐渐降低，醛正异比逐渐升高；对于 Rh/CPOL-PhPh$_3$-BP&xP(OPh)$_3$ 催化剂，Rh 物种与骨架中的两种膦物种均配位，随着 P 元素含量的增加，Rh 和周围 2 个 P 或 3 个 P 配体配位的活性物种和 Rh 仅与周围 1 个 P 配位的活性物种存在动态平衡；当 P 元素含量为 0.9 mmol/g 时，催化剂上存在的各种活性物种最丰富，所以该催化剂具有最高的催化活性和醛正异比。

（7）通过溶剂热聚合法，成功合成了基于金属卟啉和季膦盐的单组分多功能多孔有机聚合物多相催化剂 Mg-por/pho@POP，研究表明该催化剂具有多级孔道结构，较大的比表面积、良好的热稳定性和均匀分布的多功能位点。该催化剂通过季膦盐和 Mg-卟啉两种功能位点的协同效应，在 CO_2 与环氧丙烷制备环碳酸酯反应中表现出良好的催化效果。在不添加共催化剂的条件下，可以获得非常高的环碳酸酯产率（78%）和 TOF 值（15600 h^{-1}）。另外，该催化剂还具有良好的原料适用性，且催化剂循环使用 5 次活性未见明显下降。在温和的反应条件下（25℃和 1 atm），Mg-por/pho@POP 催化剂上可以实现 CO_2 与环氧丙烷的高活性转化，TON 值为 2400。物理吸附、电镜等表征证明了该催化剂具有高活性的原因是由于其具有多级孔道结构、优异的 CO_2 富集能力和均匀分散的活性中心位点间的协同作用。

根据本书工作中得到的结果和认识，结合已有文献报道，对烯烃氢甲酰化过程研究进行如下展望：

（1）在选用单齿膦和双齿膦配体共聚构筑聚合物催化剂的过程中，我们发现单齿 PPh_3 和双齿 biphephos 配体组合构筑的催化体系性能最优，但是由于含有亚膦酸酯的催化剂，而亚膦酸酯配体易水解，导致催化剂的稳定性能欠佳。为了进一步提高催化剂的稳定性，在保证高区域选择性的同时，可设计合成新的不易氧化、不易水解的乙烯基官能团化的双齿及多齿 P—N 配体或亚膦酰胺配体与烷膦配体组合将是下一步工作内容之一。

（2）本书在 Rh/CPOL-BP&P 催化剂上获得较高的 2-丁烯氢甲酰化戊醛正异比，但是反应活性有待进一步提升。设计合成新的具有高异构化和氢甲酰化性能的高效双功能催化剂将是下一步工作研究内容之一。

（3）催化剂的结构表征有待加强，可通过 X 射线吸收光谱结合理论计算来明确催化剂的真实配位环境，特别是对反应前后 Rh/CPOL-BP&P(OPh)$_3$ 催化剂中 Rh 与 P 物种的真实配位情况的表征非常关键。此外，对于含亚膦酸酯的聚合物自负载催化剂的失活机理可做进一步详细探究，将有助于指导催化剂的研制及烯烃氢甲酰化反应过程的改进。

参考文献

［1］Armor J N. A history of industrial catalysis［J］. Catalysis Today，2011，163（1）：3－9.

［2］王桂茹. 催化剂与催化作用［M］. 大连：大连理工大学出版社，2000.

［3］Franke R，Selent D，Boörner A. Applied hydroformylation［J］. Chemical Reviews，2012，112（11）：5675－5732.

［4］Neves Â C B，Calvete M J F，Pinho e Melo T M V D，et al. Immobilized catalysts for hydroformylation reactions：A versatile tool for aldehyde synthesis［J］. European Journal of Organic Chemistry，2012，2012（32）：6309－6320.

［5］Bernales V，Froese R D. Rhodium catalyzed hydroformylation of olefins［J］. Journal of Computational Chemistry，2019，40（2）：342－348.

［6］Huang K，Zhang J Y，Liu F，et al. Synthesis of porous polymeric catalysts for the conversion of carbon dioxide［J］. ACS Catalysis，2018，8（10）：9079－9102.

［7］Sun Q，Dai Z F，Meng X J，et al. Porous polymer catalysts with hierarchical structures［J］. Chemical Society Reviews，2015，44（17）：6018－6034.

［8］Kramer S，Bennedsen N R，Kegnæs S. Porous organic polymers containing active metal centers as catalysts for synthetic organic chemistry［J］. ACS Catalysis，2018，8（8）：6961－6982.

［9］Zou L F，Sun Y J，Che S，et al. Porous organic polymers for post-combustion carbon capture［J］. Advanced Materials，2017，29（37）：1700229.

［10］Roelen O. Verfahren zur herstellung von sauerstoffhaltigen verbindungen：849548［P］. 1938.

[11] Adkins H, Krsek G. Hydroformylation of unsaturated compounds with a cobalt carbonyl catalyst [J]. Journal of the American Chemical Society, 1949, 71 (9): 3051−3055.

[12] Pruchnik F P. Organometallic chemistry of the transition elements [M]. Boston: Springer Science & Business Media, 2013.

[13] Sigl M, Poplow F, Papp R, et al. Method for catalytic hydroformylation of olefins, especially manufacturing 2-propylheptanol: WO 2008065171 [P]. 2008.

[14] Börner A, Franke R. Hydroformylation: fundamentals, processes, and applications in organic synthesis, 2 volumes [M]. Weinheim: John Wiley & Sons, 2016.

[15] Beller M. A personal view on important developments in homogeneous catalysis [M] //Basic principles in applied catalysis. Berlin: Springer Berlin Heidelberg, 2004: 363−401.

[16] Gonsalvi L, Guerriero A, Monflier E, et al. The role of metals and ligands in organic hydroformylation [J]. Hydroformylation for Organic Synthesis, 2013: 1−47.

[17] Wiese K D, Obst D. Hydroformylation [J]. Catalytic Carbonylation Reactions, 2006: 1−33.

[18] Osborn J A, Wilkinson G, Young J F. Mild hydroformylation of olefins using rhodium catalysts [J]. Chemical Communications, 1965 (2): 17.

[19] Evans D, Osborn J A, Jardine F H, et al. Homogeneous hydrogenation and hydroformylation using ruthenium complexes [J]. Nature, 1965, 208 (5016): 1203−1204.

[20] van Rooy A, Burgers D, Kamer P C J, et al. Phosphoramidites: Novel modifying ligands in rhodium catalysed hydroformylation [J]. Recueil des Travaux Chimiques des Pays-Bas, 1996, 115 (11−12): 492−498.

[21] Herrmann W A, Fischer J, Öfele K, et al. N-heterocyclic carbene complexes of palladium and rhodium: cis/trans-isomers [J]. Journal of Organometallic Chemistry, 1997, 530 (1−2): 259−262.

[22] Carlock J T. A comparative study of triphenylamine, triphenylphosphine, triphenylarsine, triphenylantimony and triphenylbismuth as ligands in the rhodium-catal yzed hydroformylation of 1-dodecene [J]. Tetrahedron, 1984,

40 (1): 185—187.

[23] Evans D, Osborn J A, Wilkinson G. Hydroformylation of alkenes by use of rhodium complex catalysts [J]. Journal of the Chemical Society A: Inorganic, Physical, Theoretical, 1968: 3133—3142.

[24] Tolman C A. Steric effects of phosphorus ligands in organometallic chemistry and homogeneous catalysis [J]. Chemical Reviews, 1977, 77 (3): 313—348.

[25] Tolman C A. Phosphorus ligand exchange equilibriums on zerovalent nickel. Dominant role for steric effects [J]. Journal of the American Chemical Society, 1970, 92 (10): 2956—2965.

[26] Casey C P, Whiteker G T. The natural bite angle of chelating diphosphines [J]. Israel Journal of Chemistry, 1990, 30 (4): 299—304.

[27] Goertz W, Kamer P C J, van Leeuwen P W N M, et al. Application of chelating diphosphine ligands in the nickel-catalysed hydrocyanation of alk-l-enes and ω-unsaturated fatty acid esters [J]. Chemical Communications, 1997 (16): 1521—1522.

[28] Birkholz M N, Freixa Z, van Leeuwen P W N M. Bite angle effects of diphosphines in C—C and C—X bond forming cross coupling reactions [J]. Chemical Society Reviews, 2009, 38 (4): 1099—1118.

[29] Billig E, Abatjoglou A G, Bryant D R. Homogeneous rhodium carbonyl compound-phosphite ligand catalysts and process for olefin hydroformylation: US 4769498 [P]. 1988.

[30] Vogl C, Paetzold E, Fischer C, et al. Highly selective hydroformylation of internal and terminal olefins to terminal aldehydes using a rhodium-BIPHEPHOS-catalyst system [J]. Journal of Molecular Catalysis A: Chemical, 2005, 232 (1—2): 41—44.

[31] Behr A, Obst D, Schulte C, et al. Highly selective tandem isomerization-hydroformylation reaction of trans-4-octene to n-nonanal with rhodium-BIPHEPHOS catalysis [J]. Journal of Molecular Catalysis A: Chemical, 2003, 206 (1—2): 179—184.

[32] Kranenburg M, Van Der Burgt Y E M, Kamer P C J, et al. New diphosphine ligands based on heterocyclic aromatics inducing very high regioselectivity in rhodium-catalyzed hydroformylation: effect of the bite

angle [J]. Organometallics, 1995, 14 (6): 3081—3089.

[33] Casey C P, Whiteker G T, Melville M G, et al. Diphosphines with natural bite angles near 120 degree increase selectivity for n-aldehyde formation in rhodium-catalyzed hydroformylation [J]. Journal of the American Chemical Society, 1992, 114 (14): 5535—5543.

[34] Leeuwen P W N M V, Claver C. Rhodium Catalyzed Hydroformylation [M]. Dordrecht : Kluwer, 2000.

[35] Beller M, Renken A, van Santen R A. Catalysis: From Principles to applications [M]. Weinheim: Wiley-VCH Verlag GmbH, 2012.

[36] Bohnen H W, Cornils B. Hydroformylation of alkenes: an industrial view of the status and importance [J]. Advances in Catalysis, 2002, 47: 1—64.

[37] Herrmann W A, Cornils B. Organometallic homogeneous catalysis—Quo vadis? [J]. Angewandte Chemie International Edition in English, 1997, 36 (10): 1048—1067.

[38] Evans D, Yagupsky G, Wilkinson G. The reaction of hydridocarbonyltris (triphenylphosphine) rhodium with carbon monoxide, and of the reaction products, hydridodicarbonylbis (triphenylphosphine) rhodium and dimeric species, with hydrogen [J]. Journal of the Chemical Society A: Inorganic, Physical, Theoretical, 1968: 2660—2665.

[39] Pruett R L, Smith J A. Low-pressure system for producing normal aldehydes by hydroformylation of alpha-olefins [J]. The Journal of Organic Chemistry, 1969, 34 (2): 327—330.

[40] van Leeuwen P W N M, Kamer P C J. Featuring Xantphos [J]. Catalysis Science & Technology, 2018, 8 (1): 26—113.

[41] Vilches-Herrera M, Domke L, Boörner A. Isomerization-hydroformylation tandem reactions [J]. ACS Catalysis, 2014, 4 (6): 1706—1724.

[42] Jia X F, Wang Z, Xia C H, et al. Novel spiroketal-based diphosphite ligands for hydroformylation of terminal and internal olefins [J]. Catalysis Science & Technology, 2013, 3 (8): 1901—1904.

[43] Selent D, Hess D, Wiese K D, et al. New phosphorus ligands for the rhodium-catalyzed isomerization/hydroformylation of internal octenes [J]. Angewandte Chemie International Edition, 2001, 40 (9): 1696—1698.

［44］ Yan Y，Zhang X，Zhang X. A tetraphosphorus ligand for highly regioselective isomerization-hydroformylation of internal olefins ［J］. Journal of the American Chemical Society，2006，128（50）：16058－16061.

［45］ van der Veen L A，Kamer P C J，van Leeuwen P W N M. New phosphacyclic diphosphines for rhodium-catalyzed hydroformylation ［J］. Organometallics，1999，18（23）：4765－4777.

［46］ Klein H，Jackstell R，Wiese K D，et al. Highly selective catalyst systems for the hydroformylation of internal olefins to linear aldehydes ［J］. Angewandte Chemie International Edition，2001，40（18）：3408－3411.

［47］ Brown C K，Wilkinson G. Homogeneous hydroformylation of alkenes with hydridocarbonyltris-（triphenylphosphine）rhodium（I）as catalyst ［J］. Journal of the Chemical Society A：Inorganic，Physical，Theoretical，1970：2753－2764.

［48］ Schurig V. On the nature of carbonyl rhodium（I）β-ketoenolates as olefin hydroformylation Catalysts—A Comment ［J］. Journal of Molecular Catalysis，1979，6（1）：75－77.

［49］ Jana R，Tunge J A. A homogeneous，recyclable polymer support for Rh（I）-catalyzed C—C bond formation ［J］. The Journal of Organic Chemistry，2011，76（20）：8376－8385.

［50］ Cardozo A F，Manoury E，Julcour C，et al. Preparation of polymer supported phosphine ligands by metal catalyzed living radical copolymerization and their application to hydroformylation catalysis ［J］. ChemCatChem，2013，5（5）：1161－1169.

［51］ Kontkanen M L，Vlasova L，Suvanto S，et al. Microencapsulated rhodium/cross-linked PVP catalysts in the hydroformylation of 1-hexene ［J］. Applied Catalysis A：General，2011，401（1－2）：141－146.

［52］ Yoneda N，Nakagawa Y，Mimami T. Hydroformylation catalyzed by immobilized rhodium complex to polymer support ［J］. Catalysis today，1997，36（3）：357－364.

［53］ van Leeuwen P W N M，Jongsma T，Challa G. Polymer-bound bulky-phosphite modified rhodium hydroformylation catalysts [J]. Macromolecular Symposia, 1994, 80 (1): 241—256.

[54] Pittman J C U, Hanes R M. Unusual selectivities in hydroformylations catalyzed by polymer-attached carbonylhydrotris (triphenylphosphine) rhodium [J]. Journal of the American Chemical Society, 1976, 98 (17): 5402—5405.

[55] Lyubimov S E, Rastorguev E A, Lubentsova K I, et al. Rhodium-containing hypercross-linked polystyrene as a heterogeneous catalyst for the hydroformylation of olefins in supercritical carbon dioxide [J]. Tetrahedron Letters, 2013, 54 (9): 1116—1119.

[56] Benaglia M, Puglisi A, Cozzi F. Polymer-supported organic catalysts [J]. Chemical Reviews, 2003, 103 (9): 3401—3430.

[57] Leadbeater N E, Marco M. Preparation of polymer-supported ligands and metal complexes for use in catalysis [J]. Chemical Reviews, 2002, 102 (10): 3217—3274.

[58] Pawar G M, Weckesser J, Blechert S, et al. Ring opening metathesis polymerization-derived block copolymers bearing chelating ligands: synthesis, metal immobilization and use in hydroformylation under micellar conditions [J]. Beilstein Journal of Organic Chemistry, 2010, 6 (1): 28.

[59] Gil W, Boczoń K, Trzeciak A M, et al. Supported N-heterocyclic carbene rhodium complexes as highly selective hydroformylation catalysts [J]. Journal of Molecular Catalysis A: Chemical, 2009, 309 (1—2): 131—136.

[60] Fraile J M, García J I, Mayoral J A, et al. Heterogenization on inorganic supports: Methods and applications [J]. Heterogenized Homogeneous Catalysts for Fine Chemicals Production: Materials and Processes, 2010: 65—121.

[61] He Y S, Chen G, Kawi S, et al. Catalytic study of MCM-41 immobilized $RhCl_3$ for the hydroformylation of styrene [J]. Journal of Porous Materials, 2009, 16: 721—729.

[62] Pérez-Cadenas M, Lemus-Yegres L J, Román-Martínez M C, et al. Immobilization of a Rh complex derived from the Wilkinson's catalyst on

activated carbon and carbon nanotubes ［J］. Applied Catalysis A: General, 2011, 402 (1-2): 132-138.

［63］ Tan M H, Ishikuro Y, Hosoi Y, et al. PPh₃ functionalized Rh/rGO catalyst for heterogeneous hydroformylation: Bifunctional reduction of graphene oxide by organic ligand ［J］. Chemical Engineering Journal, 2017, 330: 863-869.

［64］ Vunain E, Ncube P, Jalama K, et al. Confinement effect of rhodium (I) complex species on mesoporous MCM-41 and SBA-15: effect of pore size on the hydroformylation of 1-octene ［J］. Journal of Porous Materials, 2018, 25: 303-320.

［65］ Bronger R P J, Bermon J P, Reek J N H, et al. The immobilisation of phenoxaphosphine-modified xanthene-type ligand on polysiloxane support and application thereof in the hydroformylation reaction ［J］. Journal of Molecular Catalysis A: Chemical, 2004, 224 (1-2): 145-152.

［66］ Sandee A J, Reek J N H, Kamer P C J, et al. A silica-supported, switchable, and recyclable hydroformylation-hydrogenation catalyst ［J］. Journal of the American Chemical Society, 2001, 123 (35): 8468-8476.

［67］ Meehan N J, Sandee A J, Reek J N H, et al. Continuous, selective hydroformylation in supercritical carbon dioxide using an immobilised homogeneous catalyst ［J］. Chemical Communications, 2000 (16): 1497-1498.

［68］ Kim T, Celik F E, Hanna D G, et al. Gas-phase hydroformylation of propene over silica-supported PPh₃-modified rhodium catalysts ［J］. Topics in Catalysis, 2011, 54: 299-307.

［69］ Borrmann T, McFarlane A J, Ritter U, et al. Rhodium catalysts build into the structure of a silicate support in the hydroformylation of alkenes ［J］. Central European Journal of Chemistry, 2013, 11: 561-568.

［70］ Wrzyszcz J, Zawadzki M, Trzeciak A M, et al. Catalytic activity of rhodium complexes supported on Al₂O₃-ZrO₂ in isomerization and hydroformylation of 1-hexene ［J］. Catalysis Letters, 2004, 93: 85-92.

［71］ Zhu H J, Ding Y J, Yan L, et al. The PPh₃ ligand modified Rh/SiO₂ catalyst for hydroformylation of olefins ［J］. Catalysis Today, 2004,

93—95：389—393.

[72] Yan L，Ding Y J，Zhu H J，et al. Ligand modified real heterogeneous catalysts for fixed-bed hydroformylation of propylene [J]. Journal of Molecular Catalysis A：Chemical，2005，234（1—2）：1—7.

[73] Yan L，Ding Y J，Lin L W，et al. In situ formation of $HRh(CO)_2(PPh_3)_2$ active species on the surface of a SBA-15 supported heterogeneous catalyst and the effect of support pore size on the hydroformylation of propene [J]. Journal of Molecular Catalysis A：Chemical，2009，300（1—2）：116—120.

[74] Li X M，Ding Y J，Jiao G P，et al. A new concept of tethered ligand-modified Rh/SiO_2 catalyst for hydroformylation with high stability [J]. Applied Catalysis A：General，2009，353（2）：266—270.

[75] Gerritsen L A，Van Meerkerk A，Vreugdenhil M H，et al. Hydroformylation with supported liquid phase rhodium catalysts part Ⅰ. General description of the system，catalyst preparation and characterization [J]. Journal of Molecular Catalysis，1980，9（2）：139—155.

[76] Gerritsen L A，Herman J M，Klut W，et al. Hydroformylation with supported liquid phase rhodium catalysts part Ⅱ. The location of the catalytic sites [J]. Journal of Molecular Catalysis，1980，9（2）：157—168.

[77] Gerritsen L A，Herman J M，Scholten J J F. Hydroformylation with supported liquid phase rhodium catalysts Part Ⅲ Influence of the type of support，the degree of pore filling and organic additives on the catalytic performance [J]. Journal of Molecular Catalysis，1980，9（3）：241—256.

[78] Gerritsen L A，Klut W，Vreugdenhil M H，et al. Hydroformylation with supported liquid phase rhodium catalysts part Ⅳ. The application of various tertiary phosphines as solvent ligands [J]. Journal of Molecular Catalysis，1980，9（3）：257—264.

[79] Gerritsen L A，Klut W，Vreugdenhil M H，et al. Hydroformylation with supported liquid phase rhodium catalysts part Ⅴ. The kinetics of propylene hydroformylation [J]. Journal of Molecular Catalysis，1980，

9 (3): 265−274.

[80] Hjortkjaer J, Scurrell M S, Simonsen P. Supported liquid-phase hydroformylation catalysts containing rhodium and triphenylphosphine [J]. Journal of Molecular Catalysis, 1979, 6 (6): 405−420.

[81] Herrmann W A, Kohlpaintner C W. Water-soluble ligands, metal complexes, and catalysts: synergism of homogeneous and heterogeneous catalysis [J]. Angewandte Chemie International Edition in English, 1993, 32 (11): 1524−1544.

[82] Herman J M, van den Berg P J, Scholten J J F. The industrial hydroformylation of olefins with a rhodium-based supported liquid phase catalyst (SLPC): Ⅳ: Heat-transfer measurements in a fixed bed containing alumina SCS9 particles [J]. The Chemical Engineering Journal, 1987, 34 (3): 133−142.

[83] Haumann M, Riisager A. Hydroformylation in room temperature ionic liquids (RTILs): catalyst and process developments [J]. Chemical Reviews, 2008, 108 (4): 1474−1497.

[84] Mehnert C P, Cook R A, Dispenziere N C, et al. Supported ionic liquid catalysis-A new concept for homogeneous hydroformylation catalysis [J]. Journal of the American Chemical Society, 2002, 124 (44): 12932−12933.

[85] Mehnert C P. Supported ionic liquid catalysis [J]. Chemistry-A European Journal, 2005, 11 (1): 50−56.

[86] Riisager A, Fehrmann R, Haumann M, et al. Supported ionic liquid phase (SILP) catalysis: An innovative concept for homogeneous catalysis in continuous fixed-bed reactors [J]. European Journal of Inorganic Chemistry, 2006, 2006 (4): 695−706.

[87] Haumann M, Jakuttis M, Werner S, et al. Supported ionic liquid phase (SILP) catalyzed hydroformylation of 1-butene in a gradient-free loop reactor [J]. Journal of Catalysis, 2009, 263 (2): 321−327.

[88] Haumann M, Dentler K, Joni J, et al. Continuous gas-phase hydroformylation of 1-butene using supported ionic liquid phase (SILP) catalysts [J]. Advanced Synthesis & Catalysis, 2007, 349 (3): 425−431.

[89] Jakuttis M, Schönweiz A, Werner S, et al. Rhodium-phosphite SILP

catalysis for the highly selective hydroformylation of mixed C4 feedstocks [J]. Angewandte Chemie International Edition，2011，50 (19)：4492—4495.

[90] Haumann M，Jakuttis M，Franke R，et al. Continuous gas-phase hydroformylation of a highly diluted technical C4 feed using supported ionic liquid phase catalysts [J]. ChemCatChem，2011，3 (11)：1822—1827.

[91] Arhancet J P，Davis M E，Merola J S，et al. Hydroformylation by supported aqueous-phase catalysis：a new class of heterogeneous catalysts [J]. Nature，1989，339 (6224)：454—455.

[92] Horváth I T. Hydroformylation of olefins with the water soluble $HRh(CO)[P(m\text{-}C_6H_4SO_3Na)_3]_3$ in supported aqueous-phase. Is it really aqueous? [J]. Catalysis Letters，1990，6：43—48.

[93] Disser C，Muennich C，Luft G. Hydroformylation of long-chain alkenes with new supported aqueous phase catalysts [J]. Applied Catalysis A：General，2005，296 (2)：201—208.

[94] Frémy G，Monflier E，Carpentier J F，et al. Expanded scope of supported aqueous phase catalysis：Efficient rhodium-catalyzed hydroformylation of α,β-unsaturated esters [J]. Journal of Catalysis，1996，162 (2)：339—348.

[95] Arhancet J P，Davis M E，Hanson B E. Supported aqueous-phase，rhodium hydroformylation catalysts Ⅰ. New methods of preparation [J]. Journal of Catalysis，1991，129 (1)：94—99.

[96] Arhancet J P，Davis M E，Hanson B E. Supported aqueous-phase，rhodium hydroformylation catalysts Ⅱ. Hydroformylation of linear，terminal and internal olefins [J]. Journal of Catalysis，1991，129 (1)：100—105.

[97] Yuan Y Z，Xu J L，Zhang H B，et al. The beneficial effect of alkali metal salt on supported aqueous-phase catalysts for olefin hydroformylation [J]. Catalysis Letters，1994，29：387—395.

[98] Wan K T，Davis M E. Design and synthesis of a heterogeneous asymmetric catalyst [J]. Nature，1994，370 (6489)：449—450.

[99] Brown JM，Davies S G. How to sugar the pill [J]. Nature，1994，370

(6489).

[100] Cornils B. Industrial aqueous biphasic catalysis: status and directions [J]. Organic Process Research & Development, 1998, 2 (2): 121-127.

[101] Phillips A D, Gonsalvi L, Romerosa A, et al. Coordination chemistry of 1,3,5-triaza-7-phosphaadamantane (PTA): Transition metal complexes and related catalytic, medicinal and photoluminescent applications [J]. Coordination Chemistry Reviews, 2004, 248 (11-12): 955-993.

[102] Dauchy M, Ferreira M, Leblond J, et al. New water-soluble Schiff base ligands based on β-cyclodextrin for aqueous biphasic hydroformylation reaction [J]. Pure and Applied Chemistry, 2018, 90 (5): 845-855.

[103] Leblond J, Potier J, Menuel S, et al. Water-soluble phosphane-substituted cyclodextrin as an effective bifunctional additive in hydroformylation of higher olefins [J]. Catalysis Science & Technology, 2017, 7 (17): 3823-3830.

[104] Gorbunov D N, Volkov A V, Kardasheva Y S, et al. Hydroformylation in petroleum chemistry and organic synthesis: Implementation of the process and solving the problem of recycling homogeneous catalysts [J]. Petroleum Chemistry, 2015, 55: 587-603.

[105] Goedheijt M S, Kamer P C J, van Leeuwen P W N M. A water-soluble diphosphine ligand with a largenatural ' bite angle for two-phase hydroformylation of alkenes [J]. Journal of Molecular Catalysis A: Chemical, 1998, 134 (1-3): 243-249.

[106] Yuan M L, Chen H, Li R X, et al. Hydroformylation of 1-butene catalyzed by water-soluble Rh-BISBIS complex in aqueous two-phase catalytic system [J]. Applied Catalysis A: General, 2003, 251 (1): 181-185.

[107] Bahrmann H, Bach H, Frohning C D, et al. BINAS: A new ligand with outstanding properties in the hydroformylation of propylene [J]. Journal of Molecular Catalysis A: Chemical, 1997, 116 (1-2): 49-53.

[108] Horváth I T, Rábai J. Facile catalyst separation without water:

fluorous biphase hydroformylation of olefins [J]. Science, 1994, 266 (5182): 72−75.

[109] Horváth I T, Rábai J. Fluorous multiphase catalyst or reagent systems for environmentally friendly oxidation or hydroformylation or extraction processes: US 5463082 [P]. 1995.

[110] Jin Z L, Zheng X L, Fell B. Thermoregulated phase transfer ligands and catalysis. I. Synthesis of novel polyether-substituted triphyenylphosphines and application of their rhodium complexes in two-phase hydroformylation [J]. Journal of Molecular Catalysis A: Chemical, 1997, 116 (1−2): 55−58.

[111] Liu C, Li X M, Jin Z L. Progress in thermoregulated liquid/liquid biphasic catalysis [J]. Catalysis Today, 2015, 247: 82−89.

[112] Sun Z, Wang Y H, Niu M M, et al. Poly (ethylene glycol) -stabilized Rh nanoparticles as efficient and recyclable catalysts for hydroformylation of olefins [J]. Catalysis Communications, 2012, 27: 78−82.

[113] Yang Y C, Jiang J Y, Wang Y H, et al. A new thermoregulated PEG biphasic system and its application for hydroformylation of 1-dodecene [J]. Journal of Molecular Catalysis A: Chemical, 2007, 261 (2): 288−292.

[114] Teoh W H, Mammucari R, Foster N R. Solubility of organometallic complexes in supercritical carbon dioxide: a review [J]. Journal of Organometallic Chemistry, 2013, 724: 102−116.

[115] Olmos A, Asensio G, Perez P J. Homogeneous metal-based catalysis in supercritical carbon dioxide as reaction medium [J]. ACS Catalysis, 2016, 6 (7): 4265−4280.

[116] Bhattacharyya P, Gudmunsen D, Hope E G, et al. Phosphorus (III) ligands with fluorous ponytails [J]. Journal of the Chemical Society, Perkin Transactions 1, 1997 (24): 3609−3612.

[117] Davis T, Erkey C. Hydroformylation of Higher Olefins in Supercritical Carbon Dioxide with $HRh(CO)[P(3,5-(CF_3)_2-C_6H_3)_3]_3$ [J]. Industrial & engineering chemistry research, 2000, 39 (10): 3671−3678.

[118] Palo D R, Erkey C. Effect of ligand modification on rhodium-catalyzed homogeneous hydroformylation in supercritical carbon dioxide [J].

Organometallics，2000，19（1）：81−86.

[119] Palo D R，Erkey C. Homogeneous catalytic hydroformylation of 1-octene in supercritical carbon dioxide using a novel rhodium catalyst with fluorinated arylphosphine ligands［J］. Industrial & engineering chemistry research，1998，37（10）：4203−4206.

[120] Palo D R，Erkey C. Homogeneous hydroformylation of 1-octene in supercritical carbon dioxide with［RhH(CO)(P(p-CF₃C₆H₄)₃)₃］［J］. Industrial & Engineering Chemistry Research，1999，38（5）：2163−2165.

[121] Chauvin Y，Mussmann L，Olivier H. A novel class of versatile solvents for two-phase catalysis：hydrogenation，isomerization，and hydroformylation of alkenes catalyzed by rhodium complexes in liquid 1，3-dialkylimidazolium salts［J］. Angewandte Chemie International Edition in English，1996，34（23−24）：2698−2700.

[122] Chauvin Y，Olivier H，Mussmann L. Process for the hydroformylation of olefins：EP 776880［P］. 1997.

[123] Brasse C C，Englert U，Salzer A，et al. Ionic phosphine ligands with cobaltocenium backbone：novel ligands for the highly selective，biphasic，rhodium-catalyzed hydroformylation of 1-octene in ionic liquids［J］. Organometallics，2000，19（19）：3818−3823.

[124] Wasserscheid P，Waffenschmidt H，Machnitzki P，et al. Cationic phosphine ligands with phenylguanidinium modified xanthene moieties—a successful concept for highly regioselective，biphasic hydroformylation of oct-1-ene in hexafluorophosphate ionic liquids［J］. Chemical Communications，2001（5）：451−452.

[125] Rogers R D，Seddon K R. Ionic liquids-solvents of the future？［J］. Science，2003，302（5646）：792−793.

[126] Sellin M F，Cole-Hamilton D J. Hydroformylation reactions in supercritical carbon dioxide using insoluble metal complexes［J］. Journal of the Chemical Society，Dalton Transactions，2000（11）：1681−1683.

[127] Sellin M F，Webb P B，Cole-Hamilton D J. Continuous flow homogeneous catalysis：hydroformylation of alkenes in supercritical

fluid-ionic liquid biphasic mixtures [J]. Chemical Communications, 2001 (8): 781−782.

[128] Schaffner B, Schaffner F, Verevkin S P, et al. Organic carbonates as solvents in synthesis and catalysis [J]. Chemical reviews, 2010, 110 (8): 4554−4581.

[129] Paddock R L, Nguyen S B T. Chemical CO_2 fixation: Cr (Ⅲ) salen complexes as highly efficient catalysts for the coupling of CO_2 and epoxides [J]. Journal of the American Chemical Society, 2001, 123 (46): 11498−11499.

[130] Lu X B, Zhang Y J, Liang B, et al. Chemical fixation of carbon dioxide to cyclic carbonates under extremely mild conditions with highly active bifunctional catalysts [J]. Journal of Molecular Catalysis A: Chemical, 2004, 210 (1−2): 31−34.

[131] Lu X B, Zhang Y J, Jin K, et al. Highly active electrophile-nucleophile catalyst system for the cycloaddition of CO_2 to epoxides at ambient temperature [J]. Journal of Catalysis, 2004, 227 (2): 537−541.

[132] Chen S W, Kawthekar R B, Kim G J. Efficient catalytic synthesis of optically active cyclic carbonates via coupling reaction of epoxides and carbon dioxide [J]. Tetrahedron letters, 2007, 48 (2): 297−300.

[133] Coletti A, Whiteoak C J, Conte V, et al. Vanadium catalyzed synthesis of cyclic organic carbonates [J]. ChemCatChem, 2012, 4 (8): 1190−1196.

[134] Meléndez J, North M, Pasquale R. Synthesis of cyclic carbonates from atmospheric pressure carbon dioxide using exceptionally active aluminium (salen) complexes as catalysts [J]. 2007.

[135] Shaikh R R, Pornpraprom S, D' Elia V. Catalytic strategies for the cycloaddition of pure, diluted, and waste CO_2 to epoxides under ambient conditions [J]. ACS Catalysis, 2018, 8 (1): 419−450.

[136] Meléndez J, North M, Villuendas P. One-component catalysts for cyclic carbonate synthesis [J]. Chemical Communications, 2009 (18): 2577−2579.

[137] North M, Villuendas P, Young C. Inter-and intramolecular phosphonium salt cocatalysis in cyclic carbonate synthesis catalysed by a

bimetallic aluminium (salen) complex [J]. Tetrahedron Letters, 2012, 53 (22): 2736-2740.

[138] Aida T, Ishikawa M, Inoue S. Alternating copolymerization of carbon dioxide and epoxide catalyzed by the aluminum porphyrin-quaternary organic salt or-triphenylphosphine system. Synthesis of polycarbonate with well-controlled molecular weight [J]. Macromolecules, 1986, 19 (1): 8-13.

[139] Maeda C, Shimonishi J, Miyazaki R, et al. Highly active and robust metalloporphyrin catalysts for the synthesis of cyclic carbonates from a broad range of epoxides and carbon dioxide [J]. Chemistry-A European Journal, 2016, 22 (19): 6556-6563.

[140] Jin L L, Jing H W, Chang T, et al. Metal porphyrin/ phenyltrimethylammonium tribromide: High efficient catalysts for coupling reaction of CO_2 and epoxides [J]. Journal of Molecular Catalysis A: Chemical, 2007, 261 (2): 262-266.

[141] Bai D S, Duan S H, Hai L, et al. Carbon dioxide fixation by cycloaddition with epoxides, catalyzed by biomimetic metalloporphyrins [J]. ChemCatChem, 2012, 4 (11): 1752-1758.

[142] Kumar S, Wani M Y, Arranja C T, et al. Porphyrins as nanoreactors in the carbon dioxide capture and conversion: a review [J]. Journal of Materials Chemistry A, 2015, 3 (39): 19615-19637.

[143] Jiang X, Gou F, Chen F, et al. Cycloaddition of epoxides and CO_2 catalyzed by bisimidazole-functionalized porphyrin cobalt (Ⅲ) complexes [J]. Green chemistry, 2016, 18 (12): 3567-3576.

[144] Peng J J, Deng Y Q. Cycloaddition of carbon dioxide to propylene oxide catalyzed by ionic liquids [J]. New Journal of Chemistry, 2001, 25 (4): 639-641.

[145] Kawanami H, Sasaki A, Matsui K, et al. A rapid and effective synthesis of propylene carbonate using a supercritical CO_2-ionic liquid system [J]. Chemical Communications, 2003 (7): 896-897.

[146] Caló V, Nacci A, Monopoli A, et al. Cyclic carbonate formation from carbon dioxide and oxiranes in tetrabutylammonium halides as solvents and catalysts [J]. Organic letters, 2002, 4 (15): 2561-2563.

[147] Dai W L，Yang W Y，Zhang Y，et al. Novel isothiouronium ionic liquid as efficient catalysts for the synthesis of cyclic carbonates from CO_2 and epoxides [J]. Journal of CO_2 Utilization，2017，17：256−262.

[148] Hajipour A R，Heidari Y，Kozehgary G. Nicotine-derived ammonium salts as highly efficient catalysts for chemical fixation of carbon dioxide into cyclic carbonates under solvent-free conditions [J]. RSC Advances，2015，5（75）：61179−61183.

[149] Bhanage B M，Fujita S，Ikushima Y，et al. Synthesis of dimethyl carbonate and glycols from carbon dioxide，epoxides，and methanol using heterogeneous basic metal oxide catalysts with high activity and selectivity [J]. Applied Catalysis A：General，2001，219（1−2）：259−266.

[150] Tu M，Davis R J. Cycloaddition of CO_2 to epoxides over solid base catalysts [J]. Journal of Catalysis，2001，199（1）：85−91.

[151] Fujita S，Bhanage B M，Ikushima Y，et al. Chemical fixation of carbon dioxide to propylene carbonate using smectite catalysts with high activity and selectivity [J]. Catalysis Letters，2002，79：95−98.

[152] Alvaro M，Baleizao C，Das D，et al. CO_2 fixation using recoverable chromium salen catalysts：use of ionic liquids as cosolvent or high-surface-area silicates as supports [J]. Journal of Catalysis，2004，228（1）：254−258.

[153] Lu X B，Wang H，He R. Aluminum phthalocyanine complex covalently bonded to MCM-41 silica as heterogeneous catalyst for the synthesis of cyclic carbonates [J]. Journal of Molecular Catalysis A：Chemical，2002，186（1−2）：33−42.

[154] Lu X B，Xiu J H，He R，et al. Chemical fixation of CO_2 to ethylene carbonate under supercritical conditions：continuous and selective [J]. Applied Catalysis A：General，2004，275（1−2）：73−78.

[155] Xiao L F，Li F W，Peng J J，et al. Immobilized ionic liquid/zinc chloride：Heterogeneous catalyst for synthesis of cyclic carbonates from carbon dioxide and epoxides [J]. Journal of Molecular Catalysis A：Chemical，2006，253（1−2）：265−269.

[156] Alvaro M，Baleizao C，Carbonell E，et al. Polymer-bound aluminium

salen complex as reusable catalysts for CO_2 insertion into epoxides [J]. Tetrahedron, 2005, 61 (51): 12131-12139.

[157] Xie Y, Zhang Z F, Jiang T, et al. CO_2 cycloaddition reactions catalyzed by an ionic liquid grafted onto a highly cross-linked polymer matrix [J]. Angewandte Chemie, 2007, 119 (38): 7393-7396.

[158] Chen Y J, Luo R C, Xu Q H, et al. State-of-the-art aluminum porphyrin-based heterogeneous catalysts for the chemical fixation of CO_2 into cyclic carbonates at ambient conditions [J]. ChemCatChem, 2017, 9 (5): 767-773.

[159] Chen Y J, Luo R C, Xu Q H, et al. Metalloporphyrin polymers with intercalated ionic liquids for synergistic CO_2 fixation via cyclic carbonate production [J]. ACS Sustainable Chemistry & Engineering, 2018, 6 (1): 1074-1082.

[160] Jayakumar S, Li H, Tao L, et al. Cationic Zn-porphyrin immobilized in mesoporous silicas as bifunctional catalyst for CO_2 cycloaddition reaction under cocatalyst free conditions [J]. ACS Sustainable Chemistry & Engineering, 2018, 6 (7): 9237-9245.

[161] Kim D, Ji H, Hur M Y, et al. Polymer-supported Zn-containing imidazolium salt ionic liquids as sustainable catalysts for the cycloaddition of CO_2: a kinetic study and response surface methodology [J]. ACS Sustainable Chemistry & Engineering, 2018, 6 (11): 14743-14750.

[162] Wood C D, Tan B, Trewin A, et al. Hydrogen storage in microporous hypercrosslinked organic polymer networks [J]. Chemistry of Materials, 2007, 19 (8): 2034-2048.

[163] El-Kaderi H M, Hunt J R, Mendoza-Cortés J L, et al. Designed synthesis of 3D covalent organic frameworks [J]. Science, 2007, 316 (5822): 268-272.

[164] Tsyurupa M P, Davankov V A. Hypercrosslinked polymers: basic principle of preparing the new class of polymeric materials [J]. Reactive and Functional Polymers, 2002, 53 (2-3): 193-203.

[165] Wood C D, Tan B, Trewin A, et al. Hydrogen storage in microporous hypercrosslinked organic polymer networks [J]. Chemistry of

Materials，2007，19（8）：2034－2048.

[166] Luo Y L, Zhang S C, Ma Y X, et al. Microporous organic polymers synthesized by self-condensation of aromatic hydroxymethyl monomers [J]. Polymer Chemistry，2013，4（4）：1126－1131.

[167] Li B Y, Guan Z H, Yang X J, et al. Multifunctional microporous organic polymers [J]. Journal of Materials Chemistry A，2014，2（30）：11930－11939.

[168] Li B Y, Gong R N, Wang W, et al. A new strategy to microporous polymers：knitting rigid aromatic building blocks by external cross-linker [J]. Macromolecules，2011，44（8）：2410－2414.

[169] Li B Y, Guan Z H, Wang W, et al. Highly dispersed Pd catalyst locked in knitting aryl network polymers for Suzuki-Miyaura coupling reactions of aryl chlorides in aqueous media [J]. Advanced Materials，2012，24（25）：3390－3395.

[170] Jiang J X, Su F, Trewin A, et al. Conjugated microporous poly (aryleneethynylene) networks [J]. Angewandte Chemie，2007，119（45）：8728－8732.

[171] Jiang J X, Wang C, Laybourn A, et al. Metal-organic conjugated microporous polymers [J]. Angewandte Chemie，2011，123（5）：1104－1107.

[172] Zhou Y B, Wang Y Q, Ning L C, et al. Conjugated microporous polymer as heterogeneous ligand for highly selective oxidative Heck reaction [J]. Journal of the American Chemical Society，2017，139（11）：3966－3969.

[173] Huang N, Xu Y H, Jiang D L. High-performance heterogeneous catalysis with surface-exposed stable metal nanoparticles [J]. Scientific reports，2014，4（7228）：1－8 .

[174] Chen L, Yang Y, Jiang D L. CMPs as scaffolds for constructing porous catalytic frameworks：a built-in heterogeneous catalyst with high activity and selectivity based on nanoporous metalloporphyrin polymers [J]. Journal of the American Chemical Society，2010，132（26）：9138－9143.

[175] Kundu D S, Schmidt J, Bleschke C, et al. A microporous binol-derived

phosphoric acid [J]. Angewandte Chemie International Edition，2012，22 (51)：5456−5459.

[176] Zhang Y，Zhang Y，Sun Y L，et al. 4- (*N*, *N*-dimethylamino) pyridine-embedded nanoporous conjugated polymer as a highly active heterogeneous organocatalyst [J]. Chemistry-A European Journal，2012，18 (20)：6328−6334.

[177] McKeown N B，Hanif S，Msayib K，et al. Porphyrin-based nanoporous network polymers [J]. Chemical Communications，2002 (23)：2782−2783.

[178] Budd P M，Ghanem B，Msayib K，et al. A nanoporous network polymer derived from hexaazatrinaphthylene with potential as an adsorbent and catalyst support [J]. Journal of Materials Chemistry，2003，13 (11)：2721−2726.

[179] Cote A P，Benin A I，Ockwig N W，et al. Porous，crystalline，covalent organic frameworks [J]. Science，2005，310 (5751)：1166−1170.

[180] Feng X，Ding X S，Jiang D L. Covalent organic frameworks [J]. Chemical Society Reviews，2012，41 (18)：6010−6022.

[181] Ding S Y，Gao J，Wang Q，et al. Construction of covalent organic framework for catalysis：Pd/COF-LZU$_1$ in Suzuki-Miyaura coupling reaction [J]. Journal of the American Chemical Society，2011，133 (49)：19816−19822.

[182] Xu H，Chen X，Gao J，et al. Catalytic covalent organic frameworks via pore surface engineering [J]. Chemical Communications，2014，50 (11)：1292−1294.

[183] Zhang Y L，Wei S，Liu F J，et al. Superhydrophobic nanoporous polymers as efficient adsorbents for organic compounds [J]. Nano Today，2009，4 (2)：135−142.

[184] Sun Q，Jiang M，Shen Z J，et al. Porous organic ligands (POLs) for synthesizing highly efficient heterogeneous catalysts [J]. Chemical communications，2014，50 (80)：11844−11847.

[185] Jiang M，Yan L，Ding Y J，et al. Ultrastable 3V-PPh$_3$ polymers supported single Rh sites for fixed-bed hydroformylation of olefins [J]. Journal of Molecular Catalysis A：Chemical，2015，404：211−217.

[186] Li C Y, Xiong K, Yan L, et al. Designing highly efficient Rh/CPOL-bp&PPh₃ heterogenous catalysts for hydroformylation of internal and terminal olefins [J]. Catalysis Science & Technology, 2016, 6 (7): 2143－2149.

[187] Li C Y, Yan L, Lu L L, et al. Single atom dispersed Rh-biphephos&PPh₃ @ porous organic copolymers: highly efficient catalysts for continuous fixed-bed hydroformylation of propene [J]. Green Chemistry, 2016, 18 (10): 2995－3005.

[188] Li C Y, Sun K J, Wang W L, et al. Xantphos doped Rh/POPs-PPh₃ catalyst for highly selective long-chain olefins hydroformylation: Chemical and DFT insights into Rh location and the roles of Xantphos and PPh₃ [J]. Journal of catalysis, 2017, 353: 123－132.

[189] 李存耀. 含 P 多孔有机聚合物自负载型催化剂的合成及其在烯烃氢甲酰化和 CO_2 转化中的应用 [D]. 大连: 中国科学院大连化学物理研究所, 2016.

[190] 熊凯. 新型有机多孔聚合物的合成及催化性能研究 [D]. 厦门: 厦门大学, 2016.

[191] Sun Q, Aguila B, Verma G, et al. Superhydrophobicity: constructing homogeneous catalysts into superhydrophobic porous frameworks to protect them from hydrolytic degradation [J]. Chem, 2016, 1 (4): 628－639.

[192] Gopalakrishnan D, Dichtel W R. Direct detection of RDX vapor using a conjugated polymer network [J]. Journal of the American Chemical Society, 2013, 135 (22): 8357－8362.

[193] Dai Z F, Sun Q, Liu X L, et al. Metalated porous porphyrin polymers as efficient heterogeneous catalysts for cycloaddition of epoxides with CO_2 under ambient conditions [J]. Journal of Catalysis, 2016, 338: 202－209.

[194] Li C Y, Wang W L, Yan L, et al. Phosphonium salt and ZnX_2-PPh₃ integrated hierarchical POPs: tailorable synthesis and highly efficient cooperative catalysis in CO_2 utilization [J]. Journal of Materials Chemistry A, 2016, 4 (41): 16017－16027.

[195] Billig E, Abatjoglou A G, Charleston B O, et al. Transition Metal

Complex Catalyzed Processes：US4769498［P］. 1987.

［196］ Alsalahi W，Grzybek R，Trzeciak A M. N-Pyrrolylphosphines as ligands for highly regioselective rhodium-catalyzed 1-butene hydroformylation：effect of water on the reaction selectivity［J］. Catalysis Science & Technology，2017，7（14）：3097−3103.

［197］ Sun Q，Dai Z F，Meng X J，et al. Enhancement of hydroformylation performance via increasing the phosphine ligand concentration in porous organic polymer catalysts［J］. Catalysis Today，2017，298：40−45.

［198］ Walczuk E B，Kamer P C J，van Leeuwen P W N M. Dormant states of rhodium hydroformylation catalysts：Carboalkoxyrhodium complex formed from enones in the alkene feed［J］. Angewandte Chemie，2003，115（38）：4813−4817.

［199］ Jiao Y Z，Torne M S，Gracia J，et al. Ligand effects in rhodium-catalyzed hydroformylation with bisphosphines：steric or electronic?［J］. Catalysis Science & Technology，2017，7（6）：1404−1414.

［200］ How R C，Hembre R，Ponasik J A，et al. A modular family of phosphine-phosphoramidite ligands and their hydroformylation catalysts：steric tuning impacts upon the coordination geometry of trigonal bipyramidal complexes of type［Rh（H）（CO）$_2$（P P*）］［J］. Catalysis Science & Technology，2016，6（1）：118−124.

［201］ Czauderna C F，Cordes D B，Slawin A M Z，et al. Synthesis and Reactivity of Chiral，Wide-Bite-Angle，Hybrid Diphosphorus Ligands［J］. European Journal of Inorganic Chemistry，2014，2014（10）：1797−1810.

［202］ Jörke A，Seidel-Morgenstern A，Hamel C. Rhodium-BiPhePhos catalyzed hydroformylation studied by operando FTIR spectroscopy：Catalyst activation and rate determining step［J］. Journal of Molecular Catalysis A：Chemical，2017，426：10−14.

［203］ Kubis C，Ludwig R，Sawall M，et al. A Comparative In Situ HP-FTIR Spectroscopic Study of Bi-and Monodentate Phosphite-Modified Hydroformylation［J］. ChemCatChem，2010，2（3）：287−295.

［204］ Selent D，Franke R，Kubis C，et al. A new diphosphite promoting highly regioselective rhodium-catalyzed hydroformylation [J]. Organometallics, 2011, 30 (17): 4509−4514.

[205] Van Rooy A, Kamer P C J, van Leeuwen P W N M, et al. Bulky diphosphite-modified rhodium catalysts: hydroformylation and characterization [J]. Organometallics, 1996, 15 (2): 835−847.

[206] Buisman G J H, van der Veen L A, Kamer P C J, et al. Fluxional Processes in Asymmetric Hydroformylation Catalysts [HRhL⌢L(CO)₂] Containing C2-Symmetric Diphosphite Ligands [J]. Organometallics, 1997, 16 (26): 5681−5687.

[207] van der Veen L A, Keeven P H, Schoemaker G C, et al. Origin of the bite angle effect on rhodium diphosphine catalyzed hydroformylation [J]. Organometallics, 2000, 19 (5): 872−883.

[208] Li X M, Ding Y J, Jiao G P, et al. Phosphorus ligands modified Rh/SiO₂ catalyst for hydroformylation of methyl-3-pentenoate [J]. Chinese Journal of Catalysis, 2008, 29 (12): 1193−1195.

[209] Van Leeuwen P, Roobeek C F. Hydroformylation of less reactive olefins with modified rhodium catalysts [J]. Journal of Organometallic Chemistry, 1983, 258 (3): 343−350.

[210] Mieczyńska E, Grzybek R, Trzeciak A M. Rhodium Pyrrolylphosphine Complexes as Highly Active and Selective Catalysts for Propene Hydroformylation: The Effect of Water and Aldehyde on the Reaction Regioselectivity [J]. ChemCatChem, 2018, 10 (1): 305−310.

[211] El Ali B. High catalytic activity of RhCl₃, 3H₂O in HC(OEt)₃ for the hydroformylation of alkenes: effect of P(OPh)₃ on the selectivity [J]. Catalysis Communications, 2003, 4 (12): 621−626.

[212] Xu J W, Zhang C, Qiu Z X, et al. Synthesis and Characterization of Functional Triphenylphosphine-Containing Microporous Organic Polymers for Gas Storage and Separation [J]. Macromolecular Chemistry and Physics, 2017, 218 (22): 1700275.

[213] Rabbani M G, El-Kaderi H M. Synthesis and characterization of porous benzimidazole-linked polymers and their performance in small gas storage and selective uptake [J]. Chemistry of Materials, 2012, 24 (8): 1511−1517.

[214] Trzeciak A M, Ziolkowski J J, Aygen S, et al. Reactions of Rh(acac)[P(OPh)$_3$]$_2$ with H$_2$CO and olefins [J]. Journal of molecular catalysis, 1986, 34 (3): 337—343.

[215] Trzeciak A M. Hex-1-ene hydroformylation catalyzed by Rh(acac)(P(OPh)$_3$)$_2$ modified with amines, formation of reactive HRh(CO)(P(OPh)$_3$)$_3$ and unreactive Rh$_4$(CO)$_8$(P(OPh)$_3$)$_4$ species [J]. Journal of Organometallic Chemistry, 1990, 390 (1): 105—111.

[216] Overend G, Iggo J A, Heaton B T, et al. The reaction of mixtures of [Rh$_4$(CO)$_{12}$] and triphenylphosphite with carbon monoxide or syngas as studied by high-resolution, high-pressure NMR spectroscopy [J]. Magnetic Resonance in Chemistry, 2008, 46 (S1): 100—106.

[217] Sun Q, Dai Z F, Liu X L, et al. Highly efficient heterogeneous hydroformylation over Rh-metalated porous organic polymers: synergistic effect of high ligand concentration and flexible framework [J]. Journal of the American Chemical Society, 2015, 137 (15): 5204—5209.

[218] Van Eldik R, Aygen S, Kelm H, et al. Kinetic and spectroscopic studies of the substitution reactions of [Rh(acac)(CO)$_2$] with triphenylphosphite [J]. Transition Metal Chemistry, 1985, 10: 167—171.

[219] Zhang B X, Jiao H J, Michalik D, et al. Hydrolysis stability of bidentate phosphites utilized as modifying ligands in the Rh-catalyzed n-regioselective hydroformylation of olefins [J]. ACS Catalysis, 2016, 6 (11): 7554—7565.

[220] Wang L, Wang Z, Wang Y, et al. Styrene-butadiene-styrene copolymer compatibilized interfacial modified multiwalled carbon nanotubes with mechanical and piezoresistive properties [J]. Journal of Applied Polymer Science, 2016, 133 (5).

[221] Puthiaraj P, Chung Y M, Ahn W S. Dual-functionalized porous organic polymer as reusable catalyst for one-pot cascade C—C bond-forming reactions [J]. Molecular Catalysis, 2017, 441: 1—9.

[222] Zhang F Y, Dai J J, Wang A M, et al. Investigation of the synergistic extraction behavior between cerium (Ⅲ) and two acidic

organophosphorus extractants using FT-IR, NMR and mass spectrometry [J]. Inorganica Chimica Acta, 2017, 466: 333−342.

[223] Wilson C, Main M J, Cooper N J, et al. Swellable functional hypercrosslinked polymer networks for the uptake of chemical warfare agents [J]. Polymer Chemistry, 2017, 8 (12): 1914−1922.

[224] Trzeciak A M, Ziółkowski J J. Mechanistic studies on the rhodium complex catalyzed hydroformylation reaction of olefins [J]. Journal of Molecular Catalysis, 1983, 19 (1): 41−55.

[225] Jongsma T, Challa G, Van Leeuwen P. A mechanistic study of rhodium tri (ot-butylphenyl) phosphite complexes as hydroformylation catalysts [J]. Journal of Organometallic Chemistry, 1991, 421 (1): 121−128.

[226] Trzeciak A M, Ziółkowski J J. Low pressure, highly active rhodium catalyst for the homogeneous hydroformylation of olefins [J]. Journal of Molecular Catalysis, 1986, 34 (2): 213−219.

[227] Moasser B, Gladfelter W L, Roe D C. Mechanistic aspects of a highly regioselective catalytic alkene hydroformylation using a rhodium chelating bis(phosphite) complex [J]. Organometallics, 1995, 14 (8): 3832−3838.

[228] van der Veen L A, Boele M D K, Bregman F R, et al. Electronic effect on rhodium diphosphine catalyzed hydroformylation: The bite angle effect reconsidered [J]. Journal of the American Chemical Society, 1998, 120 (45): 11616−11626.

[229] Sivasankar N, Frei H. Direct observation of kinetically competent surface intermediates upon ethylene hydroformylation over Rh/Al_2O_3 under reaction conditions by time-resolved fourier transform infrared spectroscopy [J]. The Journal of Physical Chemistry C, 2011, 115 (15): 7545−7553.

[230] Jongsma T, van Aert H, Fossen M, et al. Stable silica-grafted polymer-bound bulky-phosphite modified rhodium hydroformylation catalysts [J]. Journal of Molecular Catalysis, 1993, 83 (1−2): 37−50.

[231] Nieto J M L, Concepción P, Dejoz A, et al. Selective oxidation of n-

butane and butenes over vanadium-containing catalysts [J]. Journal of Catalysis, 2000, 189 (1): 147−157.

[232] Barzan C, Groppo E, Quadrelli E A, et al. Ethylene polymerization on a SiH_4-modified Phillips catalyst: detection of in situ produced α-olefins by operando FT-IR spectroscopy [J]. Physical Chemistry Chemical Physics, 2012, 14 (7): 2239−2245.

[233] Güven S, Nieuwenhuizen M M L, Hamers B, et al. Kinetic Explanation for the Temperature Dependence of the Regioselectivity in the Hydroformylation of Neohexene [J]. ChemCatChem, 2014, 6 (2): 603−610.

[234] Kubis C, Selent D, Sawall M, et al. Exploring Between the Extremes: Conversion-Dependent Kinetics of Phosphite-Modified Hydroformylation Catalysis [J]. Chemistry-A European Journal, 2012, 18 (28): 8780−8794.

[235] Kamer P C J, van Rooy A, Schoemaker G C, et al. In situ mechanistic studies in rhodium catalyzed hydroformylation of alkenes [J]. Coordination Chemistry Reviews, 2004, 248 (21−24): 2409−2424.

[236] Xie Y, Wang T T, Liu X H, et al. Capture and conversion of CO_2 at ambient conditions by a conjugated microporous polymer [J]. Nature Communications, 2013, 4 (1): 1960.